Wireless & Mobile Communications Experiment Cases

无线与移动通信实验案例

黎 鹏　官 铮　聂仁灿　李 波 ◎编著

U0287816

人民邮电出版社

北京

图书在版编目（CIP）数据

无线与移动通信实验案例 / 黎鹏等编著. -- 北京：
人民邮电出版社，2024. 8. -- ISBN 978-7-115-64656-9

Ⅰ．TN92-33

中国国家版本馆 CIP 数据核字第 2024SF7147 号

内 容 提 要

本书以软件无线电设备、4G 移动通信实验箱等教学平台为支撑，从基础单元实验开始，由浅入深，设置了 16 个案例，帮助读者理解和掌握"无线与移动通信"课程的核心内容。

本书核心内容包括三部分：基础单元案例、4G 移动互联网案例和综合案例。第一部分包括 5 个案例，主要介绍信道的调制与编码内容。第二部分包括 4 个案例，主要介绍 4G 移动互联网的指令、终端入网和上网、终端工程参数等内容。第三部分包括 7 个案例，从综合的角度出发，介绍卷积码编码和维特比译码以及基于软件无线电的多个系统的设计。此外，本书还通过附录介绍软件无线电基础知识、实验平台 XSRP、4G 移动互联网创新实验开发平台等内容，帮助读者搭建知识体系，更好地学习和理解本书内容。

本书适合作为高等学校通信类相关专业的教材，也适合作为无线通信从业者的参考书。

- ◆ 编　著　黎　鹏　官　铮　聂仁灿　李　波
  责任编辑　张晓芬
  责任印制　马振武
- ◆ 人民邮电出版社出版发行　　北京市丰台区成寿寺路 11 号
  邮编　100164　　电子邮件　315@ptpress.com.cn
  网址　https://www.ptpress.com.cn
  三河市祥达印刷包装有限公司印刷
- ◆ 开本：787×1092　1/16
  印张：13.25　　　　　　　　2024 年 8 月第 1 版
  字数：267 千字　　　　　　2024 年 8 月河北第 1 次印刷

定价：59.80 元

读者服务热线：（010）53913866　印装质量热线：（010）81055316
反盗版热线：（010）81055315

前　言

　　自马可尼首次成功实现无线电通信以来，无线技术便以超乎想象的速度进化。从模拟信号到数字信号，从 2G 到 5G 再到 6G，每一次技术迭代都极大地拓展了人类的沟通边界。移动通信，作为无线技术的重要分支，更是以其便捷性、高效性彻底改变了人们的生活方式和社会运作模式。本书旨在培养移动通信专业人员的实践技能，为读者提供一个深入浅出、实践与理论并重的学习路径。本书从移动通信工程师的职业岗位能力出发，以 GSM、CDMA、LTE 等网络为载体，采用任务驱动方式，将典型工作任务以案例形式纳入移动通信实验教程的内容体系，循序渐进地介绍设备认知、设备配置、系统设计三方面的内容。本书主要面向通信专业教学，但它不仅仅是一本教科书，还是连接理论与实践的桥梁，更是开启无线通信专业技能大门的钥匙。

　　本书结合编者多年的理论教学、实验教学和从事无线通信网络技术应用研究的实际经验，基于美国国家仪器有限公司的 LabVIEW 和武汉易思达科技有限公司的 XSRP 软件无线电平台，设计了 16 个实验案例来讲述无线移动通信相关知识与技术，让读者通过动手实践，掌握无线移动通信的关键技术。

　　本书包括 3 个核心部分，旨在构建一个从基础知识到前沿技术、从理论概念到实验操作的完整学习体系。

　　第一部分基础单元案例，包括 5 个案例：多径衰落信道、QPSK 调制与解调、16QAM 调制与解调、Turbo 编码与解码、扩频与解扩。这部分从电磁波的基础理论出发，逐步深入信号处理、信道编码、调制技术等核心原理，层层递进，为后续的实践操作奠定坚实的基础。

　　第二部分 4G 移动互联网案例，包括 4 个案例：AT 指令及其应用、4G 移动终端入网与上网、4G 移动终端信令流程分析和 4G 移动终端工程参数分析。这部分通过对 GSM、UMTS、LTE 等系统的解读，构建系统性的知识框架，让读者理解移动通信发展的内在逻辑。同时，这部分内容将 4G 教学设备接入运营商实际商用的 4G 移动网络，结合实际应用案例，展现无线通信技术的广阔应用前景。

　　第三部分综合案例，包括 7 个案例：OFDM 调制与解调、基于 FPGA 的卷积码编码和维特比译码设计、基于软件无线电平台的 CDMA 通信系统发射机设计、基于软件无线电平台的 CDMA 通信系统接收机设计、基于软件无线电平台的 MIMO-OFDM 通信系统设计、基于软件无线电平台的模拟调制信号自动识别系统设计和基于软件无线电平台的数字调制信号自动识别系统设计。这 7 个经典的实验案例涵盖无线通信系统发射机与接收机、移动性管理、调制信号自识别等关键技术，通过详尽的操作步骤、实验数据解析及问题讨论，引导读者在实践中深化理解，培养解决问题的能力。

此外，本书还在附录中简单介绍软件无线电基础知识，以及 XSRP 平台、4G 移动互联网创新实验开发平台等内容，帮助读者搭建知识体系，更好地学习和理解本书各个案例。

为方便教师和学生使用，本书每个案例均按照"实验目的→预习要求→实验器材→实验原理→实验内容及要点提示→实验报告要求→思考题"的次序展开叙述，紧密契合实验教学及实际的工作岗位要求。作为实验教程，本书内容涵盖了实验教学的所有流程，在以下三方面有着显著的特色。

首先，本书在实验原理环节补充了大量翔实的理论说明，读者通过阅读"实验原理"，即可理解本次实验案例的理论知识，而不必再去查阅理论教材。

其次，本书在实验操作环节仅给出操作提示，有助于锻炼操作者的实践动手能力。

最后，本书将课堂上所学的理论知识完整地应用于实验案例中。在学完一章知识以后，读者可以在本书中找到对应的实验案例来巩固所学知识，加深对课堂理论知识的理解。本书中大部分实验案例通过 XSRP 平台来实现真实无线链路的数据收发，可以直观感受到真实的无线信号，体验从信源到信宿一个完整的无线通信系统实现流程。

在具体实验案例设计时，本书力求减少传统的验证型实验，增加了系统级综合型实验案例，从无线信号在完整移动通信系统中传输所经历的信源、信道、信宿各个环节着手，帮助学生更好地理解移动通信系统中的关键知识点。本书在编写时力求将传统教学中教师"以知识为本"的讲授模式转化为学生"以探索为本"的学习模式，把研究中的纯"软"（软件仿真）理论研究转化为现实可以听得见声、看得见影的"硬"（硬件平台）实际系统，让学生在感受真实无线信号的过程中，激发他们的学习兴趣，锻炼他们的实践动手能力，培养他们的创新思维。

本书由黎鹏、官铮、聂仁灿、李波编写，并由黎鹏统筹。本书得到美国国家仪器有限公司和武汉易思达科技有限公司的大力帮助和支持，在此表示感谢！本书不仅可作为通信类相关专业的实验教材，同时也可作为移动通信工程师岗位的入门实践指南，为通信领域相关人员铺设一座坚实的桥梁，揭开无线通信技术的神秘面纱。

由于时间仓促，加上编者水平有限，书中难免存在不足之处，敬请读者批评指正。

编者

2024 年 5 月

目　录

第一部分　基础单元案例

第二部分　4G 移动互联网案例

第三部分　综合案例

附　　录

第一部分

基础单元案例

案例 1
多径衰落信道

一、实验目的

① 理解多径衰落信道的原理。
② 理解瑞利衰落信道的特性。

二、预习要求

① 阅读实验讲义，了解多径衰落信道工作原理。
② 根据实验要求，设计多径衰落信道仿真内容。

三、实验器材

硬件平台：软件无线电平台、计算机。
软件平台：软件无线电平台集成开发软件、MATLAB R2012b 及以上版本。

四、实验原理

1. 多径信道

多径信道指信号的传输路径（简称路径）不止一条，接收端能同时接收来自多条路径的信号，如图 1-1 所示。这些信号可能同向相加或反向抵消。从图 1-1 中可以看出，接收端接收的信号为基站发射的直射波、反射波、散射波、绕射波等信号的叠加信号。由于各路径的时延不同、信号的衰减不同，因此数字信号经过多径信道会出现码间干扰，接收端需要考虑采用均衡和其他消除码间干扰的方法来正确接收信号。

多径效应指电磁波传输信道中由多径传输现象所引起的干涉时延效应。电磁波经不同路径传输，各分量场到达接收端的时间不同，且按各自相位相互叠加，因而造成干扰，使原来的信号失真或产生错误。实际的电磁波在传输信道中（包括所有波段）常存在许多时延不同的路径，各条路径会随时间而变化，各分量场之间的相互关系也随时间而变化，由此引起合成波场的随机变化，从而形成总的接收场衰落。由此可知，多径效应是总的接收场衰落的重要成因，对数字通信、雷达检测等有着十分严重的影响。多径效应移动台（如汽车）往来于建筑群与障碍物之间，所接收的信号将由直射波、反射波、散射波、绕射波等叠加合成。各路径的电长度会随时间而变化，故到达接收端的各分量场之间的相位关系也是随时间而变化的。此外，各分量场之间的相位关系对不同的频率是不同的，因此，分量场的干涉效果也因频率而异，即频率选择性，这会对某些频率产生较大的衰减，而对于另一些频率，则产生较小的衰减。

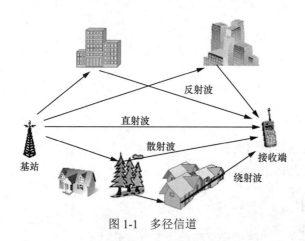

图 1-1　多径信道

在陆地移动通信中，移动台常常工作在城市建筑群等地形、地物较为复杂的环境中，因此，移动台的传输信道特性是随时随地变化的。移动通信中最难克服的困难就是快衰落引起的时变特性。接收信号强度出现快速、大幅度的周期性变化的情况称为多径快衰落，也称为小区间瞬时值变动。

按照调制信道模型，信道可分为恒参信道和随参信道两类。很多无线电信道是随参信道，例如依靠天波传播和地波传播的无线电信道、某些视距传输信道、各种散射信道等。随参信道的特性是"时变"，例如，对于依靠天波传播的无线电信道，电离层的高度和离子浓度随时间、季节在不断变化，这使得信道特性也随之变化；在对流层进行散射传播时，大气层随气候和天气变化，这也使信道特性发生变化。此外，在移动通信中，由于移动台在运动，造成收、发两端间的路径自然也在变化，使得信道参量也在不断变化。一般来说，随参信道具有如下特性。

① 信号的传输衰减随时间变化。

② 信号的传输时延随时间变化。

③ 信号经过几条路径到达接收端，且每条路径的长度（时延）和衰减都随时间而变化，即存在多径传播现象。

在移动通信系统中，设发射信号为 $A\cos w_0 t$（A 表示幅度，w_0 表示载波频率），它经过 n 条路径到达接收端，则接收信号 $R(t)$ 可以表示为

$$R(t) = \sum_{i=1}^{n} \mu_i(t) \cos \omega_0 \left[t - \tau_i(t) \right] = \sum_{i=1}^{n} \mu_i(t) \cos \left[\omega_0 t + \varphi_i(t) \right] \tag{1-1}$$

其中，$\mu_i(t)$ 表示第 i 条路径到达的接收信号幅度，$\tau_i(t)$ 表示第 i 条路径到达的信号的时延，$\varphi_i(t) = -\omega_0 \tau_i(t)$，$n$ 表示路径数量。

在多径传输中，与 ω_0 相比，$\mu_i(t)$ 和 $\varphi_i(t)$ 随时间变化的速度缓慢，即接收信号是一个幅度和相位缓慢变化的余弦波，因此，$R(t)$ 可以看作一个包络和相位随机缓慢变化的窄带信号。在障碍物均匀的城市街道或森林中，信号包络起伏近似于瑞利（Rayleigh）分布。快衰落的衰落幅度与地形、地物有关，其变化范围可达 10～30 dB；衰落速度与移动台移动速度有关。在没有直达路径的情况下（当路径数较多时，各路径信号幅度差异很小），快衰落服从式（1-2）所示的瑞利分布。

$$p(\mu) = \frac{\mu}{\sigma^2} \mathrm{e}^{\frac{-\mu^2}{2\sigma^2}}, 0 \leqslant \mu \tag{1-2}$$

其中，μ 表示信号幅度，其均值为 $\overline{\mu} = \sigma\sqrt{\dfrac{\pi}{2}}$，$\sigma^2$ 表示方差。当 $\mu = \sigma$ 时，μ 取得最大值。

在存在直达路径的情况下（各路径信号中有一个路径信号强度明显高于其他路径信号强度），快衰落服从式（1-3）所示的莱斯（Rice）分布。

$$p(\mu) = \frac{\mu}{\sigma^2} \exp\left(-\frac{\mu^2 + \mu_s^2}{2\sigma^2} \right) I_0\left(\frac{\mu\mu_s}{\sigma^2} \right), 0 \leqslant \mu \tag{1-3}$$

其中，$I_0(x)$ 表示第一类修正贝塞尔函数；μ_s 表示主信号幅度的峰值。可以看出，当 $\mu_s = 0$，即不存在直达路径时，式（1-3）表示瑞利分布。

2．产生快衰落的原因

产生快衰落的原因有两个，它们是多径效应和多普勒频移。

（1）多径效应

多径效应由移动台周围的局部散射体所引起，表现为快衰落。发射端的信号到达接收端的路径并非一条，由于经历不同的传播损耗和衰落，各路径信号均不相同。从空间角度来看，沿移动台移动方向，接收信号的幅度随着距离变动而衰减，幅度的变化反映了地形起伏所引起的衰落以及空间扩散的损耗。从时域角度来看，各个路径的长度不同，因而信号到达的时间也将不同，即如果从基站发送一个脉冲信号，则接收信号中不仅包含该脉冲信号，而且还包含它的各个时延信号。时延扩展可以用第一个码元信号至最后一个路径信号之间的时间来测量。时延扩展会引起码间串扰，严重影响数字信号的传输质量。

（2）多普勒频移

在多径条件下，由移动台的运动速度和方向引起的信号频谱展宽的现象称为多普勒效应，多普勒效应引起的附加频移称为多普勒频移。多普勒频移原理如图 1-2 所示，其中，汽车（移动台）以速度 v 从 A 点移动到 B 点，移动的距离为 d，A 点与发射天线 S 构成的夹角为 θ。

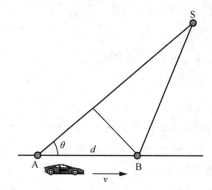

图 1-2　多普勒频移原理

多普勒频移所引起的频移 f_d 可通过式（1-4）表示。

$$f_\mathrm{d} = \frac{v}{\lambda}\cos\theta \tag{1-4}$$

其中，λ 表示波长。由式（1-4）可以看出，频移 f_d 的最大值 $f_\mathrm{dmax} = v / \lambda$，与入射角无关。$f_\mathrm{dmax} = v / \lambda$ 又称最大多普勒频移。

本案例中，多径衰落信道仿真的重要目的是产生特定多普勒功率谱密度的瑞利过程，而实际中常用的多普勒功率谱密度为 Jakes 功率谱。信号经过瑞利衰落信道，不仅受到信道衰落的影响，同时还受到信道中噪声的影响，前者对信号的干扰是乘性干扰，而后者对信号的干扰是加性干扰。

3. 快衰落分类

快衰落可以分为 3 类，即空间选择性衰落、频率选择性衰落和时间选择性衰落。所谓选择性，是指在不同的空间、不同的频率和不同的时间，信道衰落特性是不同的。与之相关的 3 个概念是时延扩展、相关带宽和相关时间。

（1）时延扩展

受多径的影响，无线信号有不同的路径，每条路径有不同的长度，因此每条路径的信号到达时间是不同的，这种由多径效应引起的接收信号中脉冲宽度扩展的现象称为时延扩展，用符号 τ 表示。时延扩展会造成数字系统符号间干扰（ISI），限制数字系统的最大符号率。为了避免符号间干扰，码元周期应大于多径引起的时延扩展，如式（1-5）所示。

$$T_\mathrm{b} > \tau \quad \text{或} \quad R_\mathrm{b} < \frac{1}{\tau} \tag{1-5}$$

其中，T_b 表示码元周期，R_b 表示码元速率，τ 表示时延扩展。平均时延扩展 τ_d 为

$$\tau_{\mathrm{d}} = \frac{\int_0^\infty tD(t)\mathrm{d}t}{\int_0^\infty D(t)\mathrm{d}t} \tag{1-6}$$

其中，t 表示时延；$D(t)$ 表示时延概率密度函数。对于有近距离散射体、中距离高大建筑物和远山的环境，多径时延扩展可近似为指数分布，指数形式的时延扩展可表示为

$$\tau = \frac{1}{\tau_{\mathrm{d}}}\mathrm{e}^{-\frac{1}{\tau_{\mathrm{d}}}t}，0 \leqslant t \leqslant 2\tau_{\mathrm{d}} \tag{1-7}$$

全球移动通信系统（GSM）中采用等间隔分布（即均匀形式）来表征乡村地区的多径传播环境，这种形式的时延扩展可表示为

$$\tau = \frac{1}{2\tau_{\mathrm{d}}} \tag{1-8}$$

在实际情况中，市区和郊区的平均时延扩展是不一样的。多径环境下的时延扩展参数如表 1-1 所示。

表 1-1　多径环境下的时延扩展参数

区域	传播时延/μs （相较于包络最高值−30 dB）	时延扩展范围/μs	平均时延扩展/μs	最大有效时延扩展/μs
市区	5.0～12.0	1.0～3.0	1.3	3.5
郊区	0.3～7.0	0.2～2.0	0.5	2.0

从表 1-1 中可以看出，市区比郊区的传播时延大，相较于包络最高值−30 dB 处所测，时延可达 12 μs。本书的实验对象以平原地形的城市为主。

（2）相关带宽

信号通过移动信道时会引起多径衰落，因此我们需要考虑信号中不同频率分量所受到的衰落是否相同。当衰落信号中的两个频率分量的频率间隔小于或等于相关带宽时，它们是相关的，衰落特性具有一致性；当频率间隔大于相关带宽时，它们是不相关的，衰落特性不具有一致性。

根据与频率的关系，衰落可分为两种，即频率选择性衰落和非频率选择性衰落。频率选择性衰落是指信号中各分量的衰落情况与频率有关，即信号经过传输，各频率所受到的衰落具有非一致性。非频率选择性衰落又称为平坦衰落，是指信号中各分量的衰落情况与频率无关，即信号经过传输，各频率所受的衰落具有一致性，即相关性，因而衰落波形不失真。当信号带宽小于相关带宽时，信号通过信道传输后，其各频率分量的变化具有一致性。

值得说明的是，相关带宽表征的是信号中两个频率分量基本相关的频率间隔。对于时延扩展为 τ_0 的信道，衰落信道的两个频率分量是否相关，取决于它们的频率间隔。在实际

应用中，常用最大时延 τ_m 的倒数来确定相关带宽 B_c，即

$$B_c = \frac{1}{\tau_m} \qquad (1\text{-}9)$$

一般来说，窄带信号通过移动信道时会引起非频率选择性衰落，而宽带扩频信号会引起频率选择性衰落。

（3）相关时间

多径效应可能会引起时间选择性衰落。此外，多普勒频移引起的频率扩展，也会使得信号在经过多径传输后引起时间选择性衰落。一般情况下，相关时间近似地定义为多普勒频移的倒数，即

$$T_c \approx \frac{1}{f_d} \qquad (1\text{-}10)$$

综上所述，时延扩展、相关带宽和相关时间这 3 个参数决定了信号在传输过程中所属的快衰落类型。大家实验时可采用相应的理论进行分析。

五、实验内容及要点提示

1．设置不同的多普勒频移参数，用示波器观察信道中的多径衰落现象。

【操作提示】

（1）设置参数，信号频率为 2000 Hz、多普勒频移为 50 Hz，观察并记录波形。

（2）多次改变信号频率、多普勒频移（如 4000 Hz、100 Hz），观察并记录波形。

（3）对比波形变化，体会随机信道的多径衰落现象。

2．理解本实验的 MATLAB 程序，记录软件仿真波形，对程序语句进行分析。

【操作提示】

（1）在软件无线电平台主界面的右侧，将当前模式的"原理讲解模式"切换成"编程练习模式"。

（2）在主界面上方的菜单中，选择打开本实验"main.m"文件，逐条理解、修改 MATLAB 程序。

3．自主编写本实验中接收信号功率谱、接收信号概率密度的 MATLAB 程序。

六、实验报告要求

1．总结实验原理。

2．完整记录实验数据，并按要求进行整理。

（1）令信号频率为 2000 Hz，多普勒频移为 50 Hz，记录多径衰落信道前后的信号变化。

名称	波形
发送端信号	
接收端信号	
接收信号概率密度	
接收信号功率谱	

分析结果：多径效应引起的衰落称为_____，快衰落服从_____，接收信号概率密度分布符合_____分布。

（2）运行例程，记录波形。

名称	波形
发送端信号	
经多径衰落信道传输后的信号	
接收信号功率谱	

实验要求：请写出 rayleighchan 函数、filter 函数的用法。

答：_____

（3）运行自主编写的程序，记录波形。

名称	波形
接收信号概率密度	

3．分析实验结果。

七、思考题

1．多径传输对接收信号有何影响？

2．多普勒频移对接收信号有何影响？

3．描述多径衰落信道特性的关键参数？

4．多径衰落信道有哪些分类？

案例 2

QPSK 调制与解调

一、实验目的

① 掌握四相移相键控（QPSK 或 4PSK）调制/解调的原理及实现方法。

② 产生 QPSK 调制信号（简称 QPSK 信号），并为 QPSK 信号添加高斯白噪声。

③ 掌握通过 MATLAB 程序实现 QPSK 调制/解调及用示波器观测信号的方法。

二、预习要求

① 阅读实验讲义，了解 QPSK 调制/解调原理。

② 根据实验要求，完成 QPSK 调制/解调仿真内容。

三、实验器材

硬件平台：软件无线电平台、计算机、示波器。

软件平台：软件无线电平台集成开发软件、MATLAB R2012b 及以上版本。

四、实验原理

1．QPSK 调制

QPSK 利用载波的 4 个相位来表征信息，是一种频谱利用率高、抗干扰性强的数字调制方式，广泛应用于各种通信系统，尤其适合应用于卫星广播通信系统。例如，在第二代卫星数字视频广播标准（DVB-S2）中，信道噪声门限低至 4.5 dB，传输码率达到 45 Mbit/s，采用 QPSK 调制方式能同时保证信号传输的效率和误码性能。

QPSK 在 1 个调制符号中发送 2 bit 的信息，因此 QPSK 的频带利用率是双相移健控（BPSK 或 2PSK）频带利用率的 2 倍。载波相位取 0、$\pi/2$、π 和 $3\pi/2$ 这 4 个相位空间中的一个，每个相位空间代表一对唯一的信息比特，处于这个符号状态集的 QPSK 信号定义为

$$S_{\text{QPSK}}(t) = \sqrt{\frac{2E_s}{T_s}} \cos\left[2\pi f_c t + (i-1)\frac{\pi}{2}\right], i = 1, 2, 3, 4 \tag{2-1}$$

其中，f_c 表示载波频率；E_s 表示发射信号每个符号的能量；T_s 表示符号持续时间，其值等于 2 个比特周期；QPSK 的相位每隔 $2T_s$ 跳变一次。由于每一种载波相位代表 2 bit 信息，故每个四进制码元又称为双比特码元。我们把组成双比特码元的前一个信息比特用 a 表示，后一个信息比特用 b 表示，这两个信息比特通常按格雷码排列。双比特码元与载波相位的矢量关系如表 2-1 所示。

表 2-1　双比特码元与载波相位的矢量关系

双比特码元		载波相位	
a	b	A 方式	B 方式
0	0	0	225°
1	0	90°	315°
1	1	180°	45°
0	1	270°	135°

由表 2-1 可知，QPSK 信号在（0，360°）范围内等间隔地取 4 种相位。正弦函数和余弦函数具有互补特性，对应的载波相位也有 4 种取值，例如 A 方式中为 0、90°、180°、270°，则其成形波形幅度有 3 种取值，即 +1、−1、0；在 B 方式中为 45°、135°、225°、315°，则其成形波形幅度有两种取值，分别是 $+\sqrt{2}/2$、$-\sqrt{2}/2$。

根据载波相位的不同，QPSK 调制可分为 A 方式和 B 方式两种，A/B 方式的 QPSK 信号矢量图如图 2-1 所示。

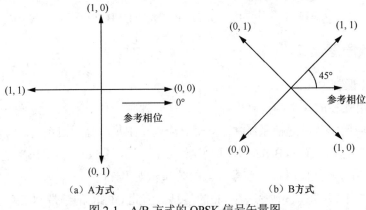

（a）A 方式　　　　　　　　　　（b）B 方式

图 2-1　A/B 方式的 QPSK 信号矢量图

QPSK 信号的产生方法与 BPSK 调制信号（简称 BPSK 信号）一样，也可分为调相法和相位选择法。本实验采用调相法产生 QPSK 信号，它的原理如图 2-2 所示。

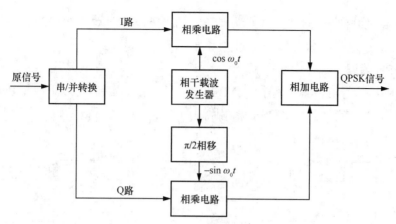

图 2-2 调相法产生 QPSK 信号的原理

下面以 B 方式的 QPSK 调制为例，讲述 QPSK 信号相位的合成原理。

在图 2-2 中，输入的原信号（二进制序列），即信号源模块提供的不归零（NRZ）码，先经串/并转换分为 I 和 Q 两路并行数据，即 I 路成形信号和 Q 路成形信号。这两路信号分别与相应载波通过相乘电路相乘，进行二相调制，得到 I 路调制信号和 Q 路调制信号。I 路调制信号与 Q 路调制信号通过相加电路进行相加，最终得到 QPSK 信号。B 方式 QPSK 信号相位编码逻辑关系如表 2-2 所示，其中，DI、DQ 分别表示 I 路、Q 路输入的信号。

表 2-2 B 方式 QPSK 信号相位编码逻辑关系

DI	DQ	I 路成形信号	Q 路成形信号	I 路调制信号	Q 路调制信号	合成相位
0	0	$-\sqrt{2}/2$	$-\sqrt{2}/2$	180°	180°	225°
0	1	$-\sqrt{2}/2$	$+\sqrt{2}/2$	180°	0°	135°
1	0	$+\sqrt{2}/2$	$-\sqrt{2}/2$	0	180°	315°
1	1	$+\sqrt{2}/2$	$+\sqrt{2}/2$	0	0	45°

同理，根据 A 方式 QPSK 信号的矢量图，可得表 2-3 所示的相位编码逻辑关系。

表 2-3 A 方式 QPSK 信号相位编码逻辑关系

DI	DQ	I 路成形信号	Q 路成形信号	I 路调制信号	Q 路调制信号	合成相位
0	0	+1	0	0	无	0
0	1	0	+1	无	0	270°
1	0	0	−1	无	180°	90°
1	1	−1	0	180°	无	180°

注："无"表示相乘电路无载波输出。

因为 Q 路调制信号与 I 路调制信号是正交的，所以 Q 路调制信号的 0 相位相当于合成相位的 90°，Q 路调制信号的 180°相位相当于合成相位的 270°。

2．QPSK 解调

由于 QPSK 信号可以看作两个正交 BPSK 信号的叠加，故它可以采用与 BPSK 信号类似的相干解调方法进行解调。QPSK 解调原理如图 2-3 所示。

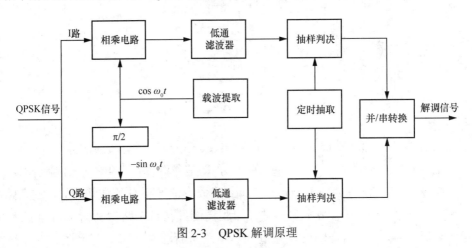

图 2-3　QPSK 解调原理

在图 2-3 中，QPSK 信号分别与两路正交的相干载波 $\sin \omega_0 t$ 和 $\cos \omega_0 t$ 相乘，得到 I 路解调信号和 Q 路解调信号，两路解调信号分别通过低通滤波器得到 I 路滤波信号和 Q 路滤波信号。接着，这两路滤波信号分别经电压比较器与不同的直流电平进行比较，并将比较结果分别送入复杂可编程逻辑器件（CPLD）中进行抽样判决，得到 DI 信号和 DQ 信号。之后，DI 信号和 DQ 信号通过并/串转换，恢复成串行数据输出，即可得到解调信号。

按产生原因的不同，噪声可分为外部噪声和内部噪声。外部噪声是指系统外部干扰以电磁波或经电源进入系统内部而引起的噪声，内部噪声一般指由光和电的基本性质引起的噪声。

从统计学来看，噪声可分为平稳噪声和非平稳噪声，统计特性不随时间变化的噪声称为平稳噪声；而统计特性随时间变化的噪声称为非平稳噪声。

按噪声和信号之间的关系不同，噪声又可分为加性噪声和乘性噪声。假设信号为 $s(t)$，噪声为 $n(t)$，如果混合叠加波形是 $s(t) + n(t)$ 的形式，则称此类噪声为加性噪声；如果混合叠加波形为 $s(t)[1 + n(t)]$ 的形式，则称此类噪声为乘性噪声。如果存在一个噪声，它的瞬时值服从高斯分布，同时它的功率谱密度又服从均匀分布，则称它为高斯白噪声。

信噪比（SNR）是一个度量有线/无线通信系统质量可靠性的技术指标，指设备或者系统中信号与噪声的比例。这里的信号指的是来自设备/系统外部且需要通过该设备/系统进行处理的电子信号；噪声指经过该设备/系统产生的原信号中并不存在的无规则额外信号，并且这种信号不随原信号的变化而变化。

信噪比的计算方法为

$$SNR = 10 \lg (P_s / P_n) \tag{2-2}$$

其中，P_s 和 P_n 分别表示信号和噪声的有效功率值。式（2-2）也可以换算成相应的电压幅值的比例关系，如式（2-3）所示。

$$SNR = 20 \lg (V_s / V_n) \tag{2-3}$$

其中，V_s 和 V_n 分别表示信号电压和噪声电压的有效值。

在调制信号中，信噪比一般是指信道输出端，即接收机输入端的载波信号平均功率与信道中的噪声平均功率的比值。

除信噪比外，符号误码率也是衡量通信系统质量的一个重要指标。BPSK（2PSK）、QPSK（4PSK）、8PSK、16PSK、32PSK 等 MPSK 符号误码率曲线如图 2-4 所示，$M = 2, 4, 8, 16, 32$。

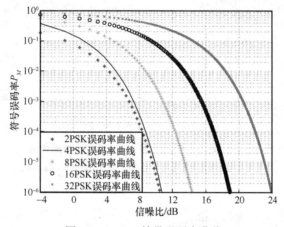

图 2-4　MPSK 符号误码率曲线

由图 2-4 可以看出，当 $M \geqslant 4$ 时——例如当 $P_M = 10^{-5}$ 时——$M = 4$ 与 $M = 8$ 之间的信噪比相差 4 dB，$M = 8$ 与 $M = 16$ 之间的信噪比相差近似 5 dB。当信噪比一定，例如为 8 时，$M = 4$ 与 $M = 8$ 之间的符号误码率相差约为 200 倍。可见随着 M 的增加，信息传输速率将会增加，但随之而来的是抗噪声性能的急剧下降。在相同比特信噪比情况下，M 越大，符号误码率越大，即抗噪声性能越差，信息传输效率越高。在实际应用中，信息传输速率和抗噪声性能之间应进行折中选择。若信道比较理想，例如光纤通信，由于干扰非常小，此时便可选用较大的 M 值；但若干扰比较多，如在城市中，则应选用较小的 M 值。

五、实验内容及要点提示

1. 将 QPSK 调制方式设置为 A 方式，通过示波器观测并记录 QPSK 调制与解调过程。

【操作提示】

（1）连接发射天线、接收天线（4 根）、示波器探头至软件无线电平台，构成发/收系统。

（2）调制过程：自定义数据为 1001101001，采样率为 30720000 Hz，符号速率为

307200 bit/s，载波频率为614400 Hz，不勾选"添加噪声"选项。

（3）将基带信号输出到CH1，观察并记录示波器中的基带信号波形。

（4）将已调信号输出到CH2，观察并记录示波器中的已调信号波形。

（5）用示波器测量各波形的频谱。按下示波器的"MATH"按钮，选择"FFT"操作，观测对应波形的频谱。

（6）观察并记录I路信号波形和Q路信号波形，对照波形理解I路信号和Q路信号的产生原理。

（7）按下示波器的"display"按钮，将显示格式设置为"XY"，观察并记录发送端星座图。

（8）解调过程：将I路信号、Q路信号、解调后信号及星座图输出到示波器，对比调制前和解调后各路信号的异同，并进行记录。

2．将调制方式修改为B方式，其他操作和参数与A方式相同，观测并记录示波器波形。

3．理解本实验的MATLAB程序，记录软件仿真波形，对语句进行分析。

【操作提示】

（1）在软件无线电平台主界面的右侧，将当前的"原理讲解"模式切换成"编程练习"模式。

（2）在主界面上方的菜单中，逐项打开本实验的"main.m""QPSK_bandpass.m""QPSK_Demodulation.m""QPSK_lowpass.m""QPSK_modulation.m"文件，逐条理解、修改MATLAB程序，对仿真结果进行调试和记录。

（3）对比软/硬件实验结果，进行分析。

4．自主编写程序。要求生成长度为200 bit的随机数据，载波频率为614400 Hz，QPSK调制方式为B方式，已调信号加入10 dB高斯白噪声，QPSK解调采用相干解调法。将抽样数据分别用CH1、CH2输出到示波器（观察星座图），统计误码数，记录数据源、已调信号和解调信号的波形、星座图和眼图。

注意

由于数据类型为随机数据，每次运行的结果可能不一致，因此答案不唯一。

六、实验报告要求

1．总结实验原理。

2．完整记录实验数据，并按要求进行整理。

3．记录QPSK调制/解调的软件仿真波形和示波器实测波形。

QPSK A 方式实验结果记录

参数配置	数据类型：自定义数据（1001101001）。 调制方式：A 方式。 载波频率：614400 Hz，不勾选"添加噪声"选项。
软件仿真波形	
基带信号	
I 路信号	
Q 路信号	

分析结果：基带信号为＿＿＿＿＿＿＿＿＿＿＿＿＿，I 路信号对应基带信号奇数位上的信号＿＿＿＿＿＿，Q 路信号对应基带信号偶数位上的信号＿＿＿＿＿＿；将 0 映射成–1，得到 I 路信号＿＿＿＿＿和 Q 路信号＿＿＿＿＿＿，其中，I 路信号和 Q 路信号的码元宽度是基带信号码元宽度的＿＿＿＿倍。

已调信号	

分析结果：I 路载波表达式为 $y_1 = $ ＿＿＿＿＿＿，Q 路载波表达式 $y_2 = $ ＿＿＿＿＿＿；
将＿＿＿＿和＿＿＿＿＿＿进行＿＿＿后得到 I 路已调信号，将＿＿＿＿和＿＿＿＿进行＿＿＿后得到 Q 路已调信号，将＿＿＿和＿＿＿进行＿＿＿后得到已调信号。

示波器实测波形	
基带信号 （时域）	
基带信号（频域）	
已调信号（时域）	
已调信号（频域）	
软件仿真波形	
抽样判决后的 I 路信号	
抽样判决后的 Q 路信号	
解调信号	

分析结果：将＿＿＿＿和＿＿＿＿后得到 I 路解调信号，将＿＿＿＿和＿＿＿＿后得到 Q 路解调信号；将＿＿＿＿经过＿＿＿＿得到 I 路滤波信号，将＿＿＿＿经过＿＿＿＿得到 Q 路滤波信号；给定时脉冲信号，对＿＿＿＿进行＿＿＿＿，得到抽样判决后的 I 路信号，对进行＿＿＿＿，得到抽样判决后的 Q 路信号；最后对＿＿＿＿进行＿＿＿＿，得到解调信号。

示波器实测波形	
抽样判决后的 I 路信号（时域）	
抽样判决后的 Q 路信号（时域）	
解调信号 （时域）	
软件仿真波形	
发送端星座图 （将横轴改为−1.5～1.5， 纵轴改为−1.5～1.5）	
接收端星座图	
要求：将 I 路信号作为实部、Q 路信号作为虚部，绘制相应的星座图。	

QPSK B 方式实验结果记录

参数配置	数据类型：自定义数据（1001101001）。 调制方式：B 方式。 载波频率：614400 Hz，不勾选"添加噪声"选项。
软件仿真波形	
基带信号	
I 路信号	
Q 路信号	

分析结果：基带信号为＿＿＿＿，B 方式下的 I 路信号和 Q 路信号通过将 A 方式下对应信号相位进行顺时针 45°偏转得到，故得到 I 路信号＿＿＿＿＿和 Q 路信号＿＿＿＿，其中，I 路信号和 Q 路信号的码元宽度是基带信号码元宽度的＿＿＿倍。

已调信号	

分析结果：I 路已调信号、Q 路已调信号和已调信号的变化规律和 A 方式一样。

示波器实测波形	
基带信号 （时域）	

基带信号 （频域）	
已调信号 （时域）	
已调信号 （频域）	
软件仿真波形	
抽样判决后的 I 路信号	
抽样判决后的 Q 路信号	
解调信号	

示波器实测波形	
抽样判决后的 I 路信号（时域）	
抽样判决后的 Q 路信号（时域）	
解调信号（时域）	
软件仿真波形	
发送端星座图	
接收端星座图	
要求：将 I 路信号作为实部、Q 路信号作为虚部，绘制相应的星座图。	

4．运行例程，记录软件仿真波形和示波器实测波形。

参数配置	数据类型：随机数据。 调制方式：A 方式。 数据长度：200 bit。 采样率：30720000 Hz。 符号速率：307200 bit/s。 载波频率：614400 Hz。 信噪比：20 dB。
软件仿真波形	
数据源	
已调信号	
解调信号	
星座图	

眼图	

分析结果：误码数为_____；QPSK 调制每个符号有_____bit，用 4 种不同相位的载波分别表示_____。

QPSK 星座映射是指将 4 种不同相位的载波信号用 I 路和 Q 路两路信号表示。有两种映射方式，一种用_____这 4 个相位，另一种用_____这 4 个相位。

思考并回答下列代码的作用。

代码如下。

```
aI = aI * 2-1;
aQ = aQ * 2 -1;
IQ = aI + aQ * i;
```

答：_____

代码如下。

```
for n = 1:length(angleData)
if (0<angleData(n)&&angleData(n)<pi/2)
    demodData(n) = 1 + 1i;
else if (pi/2<angleData(n)&&angleData(n)<pi)
    demodData(n) = 0+ 1i;
else if (-pi<angleData(n)&&angleData(n)<-pi/2)
    demodData(n) = 0 + 0i;
else if (-pi/2<angleData(n)&&angleData(n)<0)
    demodData(n) = 1 + 0i;
else
    demodData(n) = 0 + 0i;
end
```

答：_____

示波器实测波形	
星座图	

5．运行自主编写的程序，记录软件仿真波形和示波器实测波形。

参数配置	数据类型：随机数据。 调制方式：B 方式。 数据长度：200 bit。 采样率：30720000 Hz。 符号速率：307200 bit/s。 载波频率：614400 Hz。 信噪比：10 dB。
软件仿真波形	
数据源	
已调信号	
解调信号	
星座图	
眼图	
分析结果：误码数为＿＿＿＿＿＿＿	
示波器实测波形	
星座图	

七、思考题

1．请画图回答：在 QPSK 中，输入的信号是如何分成 I 路和 Q 路两路信号的？其相位路径是怎样变化的？

2．实验中如果 I 支路、Q 支路接反了，那么会得到正确结果吗？为什么？

3．分析 BPSK（2PSK）、QPSK（4PSK）、8PSK、16PSK 的联系与区别。

4．观察 QPSK 调制/解调中的星座图，分析 A 方式和 B 方式的不同之处。

案例 3

16QAM 调制与解调

一、实验目的

① 掌握 16QAM 调制的原理和实现方法。

② 掌握 16QAM 解调的原理和实现方法。

③ 掌握通过 MATLAB 编程实现 16QAM 调制/解调及用示波器观测信号的方法。

二、预习要求

① 阅读实验讲义，了解 16QAM 调制/解调原理。

② 根据实验要求，设计 16QAM 调制/解调仿真内容。

三、实验器材

硬件平台：软件无线电平台、计算机、示波器。

软件平台：软件无线电平台集成开发软件、MATLAB R2012b 及以上版本。

四、实验原理

正交振幅调制（QAM）是一种幅度调制和相位调制相结合的调制方式。它用两路独立的基带成形信号，对两个正交正弦载波进行抑制载波的双边带调制，利用已调信号在同一带宽频谱上正交的特性，实现两路并行数字信号的传输。QAM 因其频谱效率高的特点而受到广泛关注，特别是 16QAM 及其变形，在移动通信系统中有广泛的应用。

在 QAM 中，信号的幅度和相位作为两个独立的参量同时受到调制，这种信号的一个码元可以表示为

$$e_k(t) = A_k \cos(\omega_c t + \theta_k), \quad kT_B \leqslant t \leqslant (k+1)T_B \tag{3-1}$$

其中，k 为整数，A_k 和 θ_k 分别表示幅度和相位，可以取多个离散的值；ω_c 表示载波角频

率；T_B 表示周期。式（3-1）可以展开为

$$e_k(t) = A_k \cos\theta_k \cos\omega_c t - A_k \sin\theta_k \sin\omega_c t \qquad (3\text{-}2)$$

令 $X_k = A_k \cos\theta_k$，$Y_k = -A_k \sin\theta_k$，则式（3-2）变为

$$e_k(t) = X_k \cos\omega_c t + Y_k \sin\omega_c t \qquad (3\text{-}3)$$

其中，X_k 和 Y_k 可以取多个离散值。从式（3-3）看出，$e_k(t)$ 可以看作两个正交的振幅键控信号之和。

QAM 调制原理如图 3-1 所示，其中，输入相乘电路的 $\sin\omega_c t$ 和 $\cos\omega_c t$ 是两个相互正交的正弦载波。

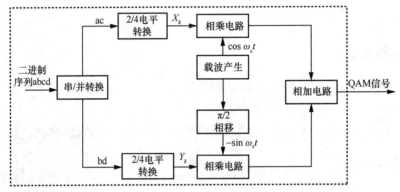

图 3-1　QAM 调制原理

QAM 信号用正交相干解调法进行解调，通过解调后，用低通滤波器滤和相乘电路产生的高频分量相除，接着通过抽样判决恢复出两路独立电平信号，最后对多电平码元与二进制码元间的关系进行转换，将电平信号转换为二进制信号，经并/串变换恢复出原二进制基带信号。QAM 解调原理如图 3-2 所示。

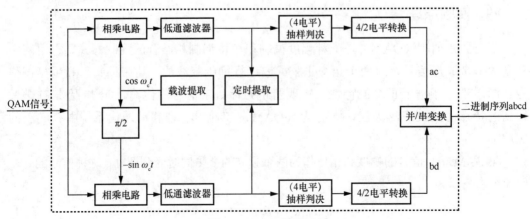

图 3-2　QAM 解调原理

QAM 阶次的选择，取决于传输信道的质量。传输信道的质量越好，干扰越小，QAM 可用的阶次就越大，其传输效率越高。QAM 根据电平的幅度和相位，分为 16QAM、32QAM、64QAM、128QAM、256QAM。但是，并不能无限地通过增加电平级数来提高码元传输速率，因为随着电平级数的增加，电平之间的间隔减少，噪声容限降低，同样噪声条件下的误码数会增加。时间轴上的表现也是如此，各相位间隔减小，码间干扰增加，抖动和定时问题都会使接收信号变差。

衡量一种调制方式性能的好与坏，可以通过调制星座图来进行。16QAM 由 I 路和 Q 路两个正交矢量唯一地对应每个坐标点的位置，由输入数据决定矢量端点的过程叫作星座映射。理论上，不同相位差的载波越多，可以表征的输入信息就越多，频带的压缩能力就越强，这可以降低信道特性引起的码间串扰的影响，从而提高数字通信的有效性。但在多相调制时，相位取值增大，信号之间的相位差就会减小，传输的可靠性也会随之降低。

16QAM 的相位分别对应 0000、0001、0010、0011、0100、0101、0110、0111、1000、1001、1010、1011、1100、1101、1110、1111 这 16 种信息比特，图 3-3 展示了 16QAM 的相位星座图。

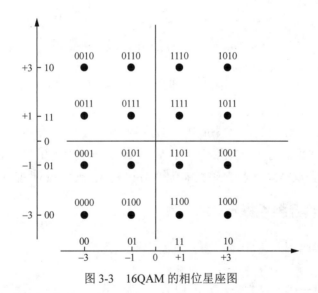

图 3-3　16QAM 的相位星座图

在 16QAM 的相位星座图中，输入的信息比特流 0100 被映射为矢量 $(-a, -3a)$，信息比特流 1011 被映射为星座图中的矢量 $(3a, a)$，其中，a 表示信号的平均功率。依次类推，图 3-3 中的 16 个状态表示 0000～1111 的所有组合。

从式（3-1）所示的 QAM 表达式可以看出，QAM 信号的带宽与多进制振幅调制信号的带宽相等。在占用相同带宽的情况下，QAM 具有比多进制振幅调制高 1 倍的码元传输速率，具有较高的频谱效率，因此被称为高效窄带调制。在相位星座图中，各矢量端点间的距离越大，抗噪声性能越好，误码特性越好；反之，距离越小，抗噪声性能越差，误码特性越差。误码性能的上限由相位星座图中信号矢量端点之间的最小距离决定,一个好的相位星座图分布应能保证各信号星座点之间有最大的距离。在图 3-3 所示的 16QAM 相位星座图中,信号矢量端点之间的最小距离为 $2a$,大于 16PSK 的最小距离(16PSK 的相位信息点位于圆周上)。图 3-4 展示了 16QAM 和 16PSK 比特误码率性能对比,可以看出 16QAM 的误码性能优于 16PSK 的误码性能。

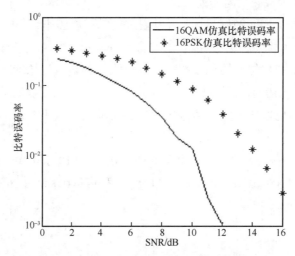

图 3-4   16QAM 和 16PSK 比特误码率性能对比

从图 3-4 中可知,16QAM 和 16PSK 两种调制方式随着信噪比的增加,它们的比特误码率均降低,而且 16QAM 的比特误码率远远低于 16PSK。例如 SNR = 12 dB 时,16QAM 的比特误码率为 10^{-3} 数量级,而 16PSK 比特误码率为 10^{-1} 数量级。当信噪比一定时,16QAM 的比特误码率远比 16PSK 的比特误码率小。这与前面所说的 16QAM 距离较大的结论一致,证明了 16QAM 比特误码性能优于 16PSK 比特误码率性能。

五、实验内容及要点提示

1. 观测 16QAM 收发星座图。

【操作提示】

(1)连接发射天线、接收天线(4 根)、示波器探头到软件无线电平台,构成发/收系统。

(2)调制过程:输入数据为自定义数据,如 100100101001(数据长度不限,满足 4 bit 的倍数即可),采样率为 30720000 Hz,符号速率为 307200 bit/s,载波频率为 614400 Hz,不勾选"添加噪声"选项。

(3)将基带信号输出到 CH1,观察并记录示波器中的基带信号波形。

(4)将已调信号输出到 CH2,观察并记录示波器中的调制信号波形。

(5)将 I 路信号输出到 CH1、Q 路信号输出到 CH2,按下示波器的"display"按钮,将显示格式设置为"XY"，观察并记录发送端星座图。

（6）通过接收端 I 路信号、Q 路信号，观察并记录接收端星座图。

（7）通过示波器的"FFT"操作，观测各波形的频谱。

2．以随机数据作为输入，观察并总结添加噪声后 16QAM 调制/解调信号的变化规律。

【操作提示】

（1）将仿真程序的数据类型设置为随机数据，数据长度设置为 1200 bit，采样率设置为 30720000 Hz，码元速率设置为 307200 bit/s，载波频率设置为 614400 Hz，勾选"添加噪声"选项，信噪比设置为 10 dB。

（2）对比添加噪声后波形所发生的变化，并进行记录。

 注意

由于数据类型为随机数据，故每次运行结果可能不一致。

3．理解本实验的 MATLAB 程序，记录软件仿真波形，对语句进行分析。

【操作提示】

（1）在软件无线电平台主界面的右侧，将当前的"原理讲解"模式切换成"编程练习"模式。

（2）在主界面上方的菜单中，逐项打开本实验的各个 .m 格式文件，逐条理解、修改 MATLAB 程序，对仿真结果进行调试和记录。

（3）对比软/硬件实验结果，进行分析。

4．自主编写程序。自定义长度为 5 bit 的比特数据[1− i, 1 + i, 1− 3i, 3 + 3i, −3−i]，根据星座映射原理，进行解符号映射，并将还原后的比特数据用示波器输出。

六、实验报告要求

1．总结实验原理。

2．完整记录实验数据，并按要求进行整理。

3．记录 16QAM 调制/解调的软件仿真波形和示波器实测波形。

参数配置	数据类型：自定义数据（如 100100101001）。
	数据长度：1200 bit。
	采样率：30720000 Hz。
	码元速率：307200 bit/s。
	载波频率：614400 Hz。

软件仿真波形	
基带信号	
I 路信号	
Q 路信号	

分析结果：基带信号为_____，依次经过串/并转换和 2/4 电平转换，将基带信号分为 I 路信号和 Q 路信号。串/并转换后的信号分别为_____和_____，按照_____表示_____，_____表示_____的电平转换规律，最后得到 I 路信号为____，Q 路信号为____；I 路载波的表达式为 $y_1 =$ _____，Q 路载波的表达式为 $y_2 =$ _____。

软件仿真波形	
已调信号	

分析结果：将_____和_____进行____，得到 I 路已调信号；将____和_____进行___，得到 Q 路已调信号；将_____和_____进行___，得到已调信号。

示波器实测波形	
基带信号（时域）	

基带信号 （频域）	
已调信号 （时域）	
已调信号 （频域）	
软件仿真波形	
抽样判决后的 I 路信号	
抽样判决后的 Q 路信号	
解调信号	

分析结果：将_____和_____进行_____，得到 I 路解调信号；将_____和_____进行_____，得到 Q 路解调信号；将_____先经过低通滤波器，再进行_____，最后经过_____和_____，得到解调信号。

示波器实测波形	
抽样判决后的 I 路信号（时域）	
抽样判决后的 Q 路信号（时域）	
解调信号 （时域）	
软件仿真波形	
发送端星座图 （将横轴范围改为 −3.5～3.5，纵轴范 围改为−1.5～3.5）	
接收端星座图	

分析结果：基带信号按格雷码排列，数据长度为 1200 bit，因此星座图中包含_____个坐标：1001 对应坐标_____，0010 对应坐标_____，1001 对应坐标_____。

改变信号源为随机数据，记录软件仿真波形和示波器实测波形。

	数据类型：随机数据。
参数配置	数据长度：1200 bit。
	采样率：30720000 Hz。
	码元速率：307200 bit/s。
	载波频率：614400 Hz。
	信噪比：10 dB。

软件仿真波形	
I 路解调信号 （将横坐标范围改为 0～10 μs）	
Q 路解调信号 （将横坐标范围改为 0～10 μs）	

分析结果：解调信号的变化规律和无噪声时一样，但由于加入了噪声，因此波形不是平滑曲线，而是会出现毛刺。

软件仿真波形	
发送端星座图 （将横坐标范围改为 −3.5～3.5，纵坐标 范围改为−3.5～3.5）	
接收端星座图	

示波器实测波形	
发送端星座图	
接收端星座图	

4．运行例程，记录软件仿真波形和示波器实测波形。

参数配置	数据类型：自定义数据， 如 100101100000110010101111001101010001100001000010。 数据长度：48 bit。
软件仿真波形	
发送端星座图	
示波器实测波形	
I 路基带信号	
Q 路基带信号	
发送端星座图	

要求：

1．读懂例程代码，写出映射表产生的原理。

```
tab_16qam = [-3 - 3i, -3 - i, -3 + 3i, -3 + i, -1- 3i, -1 - i, -1 + 3i, -1 + i,
            3 - 3i, 3 - i, 3 + 3i, 3 + i, 1- 3i, 1 - i, 1 + 3i, 1 + i]; % 映射表
```

答：_____

2．请写出这段代码的含义。

```
for n = 1 : symbNum
symb(n) = tab_16qam(a_symb_bit(1, n) * 8 + a_symb_bit(2, n) * 4 +
        a_symb_bit (3, n) * 2 + a_symb_bit(4, n) * 1 + 1);
end
```

答：_____

5．运行自主编写的程序，记录软件仿真波形和示波器实测波形。

软件仿真波形	
还原后的比特数据	
示波器实测波形	
还原后的比特数据	

七、思考题

1．请分析 4QAM、8QAM、16QAM、64QAM 的联系与区别。

2．请分析 16PSK 与 16QAM 这两种调制方式性能的优劣之处。

3．若信道中存在噪声，QAM 的星座图会有怎样的变化？

4．QAM 在无线通信系统的应用有哪些优势？

案例 4

Turbo 编码与解码

一、实验目的

① 理解 Turbo 编码与解码原理。

② 掌握 MATLAB 编程实现 Turbo 编码与解码算法。

二、预习要求

① 阅读实验讲义，了解 Turbo 编码与解码原理。

② 根据实验要求，完成 Turbo 编码与解码仿真内容。

三、实验器材

硬件平台：软件无线电平台、计算机。

软件平台：软件无线电平台集成开发软件、MATLAB R2012b 及以上版本。

四、实验原理

Turbo 码（并行级联卷积码）由 Claude.Berrou 等人在 1993 年首次提出，与其相关的研究最初集中在译码算法、性能和独特编码结构等方面。由于 Turbo 码很好地满足了香农信道编码定理中的随机性编/译码条件，从而获得了接近香农理论极限的译码性能。它不仅在信噪比较低的高噪声环境下性能优越，而且具有很强的抗衰落、抗干扰能力，因此它在信道条件差的移动通信系统中有很大的应用潜力。第三代移动通信系统已经采用 Turbo 码，将其作为传输高速数据的信道编码标准。由于无线信道传输介质的不稳定性及噪声的不确定性，一般的纠错码很难达到较高要求的译码性能（一般要求比特误码率小于 10^{-6}）。而 Turbo 码达到的超乎寻常的优异译码性能，可以纠正高速率数据传输时发生的误码。另外，直接序列码分多址（DS-CDMA）系统中采用 Turbo 码技术可以进一步提高系统的容量，所以有关 Turbo 码在 DS-CDMA 系统中的应用受到了各国学者的重视。Turbo 码与其他通信技术相结合，可获得较高的频率利用率，能有效抑制短波信道中多径时延、频率选择性衰落、人为干扰与噪声带来的不利影响。

Turbo 编码器采用的是并行级联卷积码（PCCC），使用 2 个 8 状态子编码器和 1 个 Turbo 码内交织器。编码速率为 1/3 的 Turbo 编码器结构如图 4-1 所示。8 状态子编码器的传输函数满足式（4-1）。

$$G(D) = \left[1, \frac{g_1(D)}{g_0(D)}\right] \tag{4-1}$$

其中，D 表示每个输出流的编码比特数目；$g_0 = 1 + D^2 + D^3$，表示子编码器 3 个 D 功能器件的下支路运算；$g_1 = 1 + D + D^3$，表示子编码器 3 个 D 功能器件的上支路运算。

对于一个给定的编码块，将输入信道编码模块的比特序列表示为 $c_0, c_1, \cdots, c_{K-1}$，其中 K 表示需要进行编码的比特数；将编码后的比特表示为 $d_0^{(i)}, d_1^{(i)}, \cdots, d_{D-1}^{(i)}$，其中，$i$ 表示编码器输出流的序号。c_k 和 $d_k^{(i)}$（$0 \leqslant k \leqslant K-1$）的关系以及 K 和 D 的关系由编码方式决定。

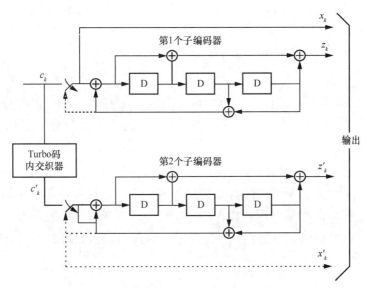

图 4-1 　编码速率为 1/3 的 Turbo 编码器结构

根据图 4-1 所示的 Turbo 编码器结构，接下来详细介绍 Turbo 编码过程，具体步骤如下。图中的 z_k 表示第一个子编码器的输出，z'_k 表示第二个子编码器的输出。

步骤 1：初始值 c_k 直接输出码字 x_k。

步骤 2：第 1 个子编码器对 c_k 进行编码。在图 4-1 中，用 D_1、D_2、D_3 表示编码器中 3 个移位寄存器的输出值，用符号 ⊕1、⊕2、⊕3 和 ⊕4 表示从左到右的 4 个异或运算输出值（不区分上下两层的输出和反馈运算）。当开始进行编码时，8 状态子编码器中移位寄存器的初始值均为 0。令输入码字 c_k 的初始值为 8 bit 的码字 11011001，c_k 经过第 1 个子编码器后，得到的输出值 z_k 为 10011011。详细编码过程如表 4-1 所示。

表 4-1 Turbo 编码器结构第 1 个子编码器编码过程

基带	⊕1	D_1	⊕2	D_2	⊕3	D_3	⊕4	Z_k
初始值	—	0	—	0	—	0	—	—
1	1	0	1	0	0	0	1	1
1	1	1	0	0	0	0	0	0
0	1	1	0	1	1	0	0	0
1	1	1	0	1	0	1	1	1
1	1	1	0	1	0	1	1	1
0	0	1	1	1	0	1	0	0
0	0	0	0	1	0	1	1	1
1	0	0	0	0	1	1	1	1

步骤 3：第 2 个子编码器编码可分为两个过程，具体如下。

首先，对初始值 c_k 进行交织编码，交织矩阵是 TD-LTE 标准关于 Turbo 码编码协议中 188 个元素的交织矩阵。

然后，对交织后的码字 c_k' 按第 2 个子编码器结构进行运算，运算过程和步骤 2 相同。

通过上述步骤的编码，我们得到 3 个输出码字 x_k、z_k 和 z_k'。在输出时，分别取 x_k、z_k 和 z_k' 的第 1 位、第 2 位、第 3 位等码字重新组合，进行并/串变换，最终，初始码字 c_k （11011001）经过 Turbo 码编码后得到的输出值为 11110100。

需要说明的是，在比特编码以后需要添加尾比特信息。前 3 个尾比特用于终止第 1 个子编码器，同时第 2 个子编码器被禁用。最后 3 个尾比特用于终止第 2 个子编码器，同时第 1 个子编码器被禁用。输入 Turbo 码内交织器的比特表示为 $c_0, c_1, \cdots, c_{K-1}$，Turbo 码内交织器的输出表示为 $c_0', c_1', \cdots, c_{K-1}'$。输入和输出比特的关系可用式（4-2）表示。

$$c_i' = c_{\Pi(i)}, \quad i = 0, 1, \cdots, K-1 \tag{4-2}$$

其中，输出序号 i 和输入序号 $\Pi(i)$ 的关系满足式（4-3）的二次形式。

$$\Pi(i) = (f_1 i + f_2 i^2) \bmod P \tag{4-3}$$

其中，参数 f_1 和 f_2 的大小取决于编码块大小 P （单位为 bit），编码块大小的取值范围为 40～6144。

五、实验内容及要点提示

1. 配置实验参数，观察 Turbo 编码/解码过程的实验现象，记录数据源、编码数据波形、解码数据波形。

【操作提示】

（1）将数据源长度配置为 40，当前模式配置为"原理讲演"模式。

（2）由于 Turbo 码按照 TD-LTE 标准，对数据源长度进行了规定，Turbo 码可配置的值如下（这里的省略号表示换行）。

40 48 56 64 72 80 88 96 104 112 120 128 136 144 152 …

160 168 176 184 192 200 208 216 224 232 240 248 256 …

264 272 280 288 296 304 312 320 328 336 344 352 360 …

368 376 384 392 400 408 416 424 432 440 448 456 464 …

472 480 488 496 504 512 528 544 560 576 592 608 624 …

640 656 672 688 704 720 736 752 768 784 800 816 832 …

848 864 880 896 912 928 944 960 976 992 1008 1024 …

1056 1088 1120 1152 1184 1216 1248 1280 1312 1344 …

1376 1408 1440 1472 1504 1536 1568 1600 1632 1664 …

1696 1728 1760 1792 1824 1856 1888 1920 1952 1984 …

2016 2048 2112 2176 2240 2304 2368 2432 2496 2560 …

2624 2688 2752 2816 2880 2944 3008 3072 3136 3200 …

3264 3328 3392 3456 3520 3584 3648 3712 3776 3840 …

3904 3968 4032 4096 4160 4224 4288 4352 4416 4480 …

4544 4608 4672 4736 4800 4864 4928 4992 5056 5120 …

5184 5248 5312 5376 5440 5504 5568 5632 5696 5760 …

5824 5888 5952 6016 6080 6144

2．理解本实验的 MATLAB 程序，记录软件仿真波形，对语句进行分析。

【操作提示】

（1）在软件无线电平台主界面的右侧，将当前的"原理讲解"模式切换成"编程练习"模式。

（2）在主界面上方菜单中，逐个打开本实验中包含的"main.m""de_turbpCode.m""GenSourceBit.m""interleave.m""internal_leaver.m""rsc_encode.m""Turbo_encoder.m"文件，逐条理解、修改 MATLAB 程序。

（3）TD-LTE 标准的 Turbo 编码代码包括 2 个递归系统卷积码和 1 个码内交织器，详见程序。

3．自主设计 Turbo 编码/解码误码率的 MATLAB 程序。

六、实验报告要求

1．总结实验原理。

2．完整记录实验数据，并按要求进行整理。

（1）波形测量与分析。

软件仿真波形	
数据源	
Turbo 编码后数据	
分析结果：编码前的比特数据为_____， 经过第 1 个编码器的信息比特为_____； 经过第 2 个编码器的信息比特为_____， Turbo 编码后的数据为_____。	
Turbo 解码后数据	

（2）运行例程，记录波形。

例程波形	
Turbo 编码后数据	
分析结果：Turbo 编码器由_____组成；Turbo 码内交织器的 _____比特为第 2 个子编码器的_____比特。	

请回答下面这段代码的作用。

```
temp = rem([x(i) state] * g(1, : )', 2);
output(i) = rem([temp state] * g(2, : )', 2);
state = [temp state(1, 1 : 2)];
```

答：_____

（3）运行自主编写的程序，记录波形。

自主编写程序波形	
误码数	

七、思考题

1．查阅其他编码方式，分析 Turbo 码的优点和缺点。

2．为何本实验的编码速率为 1/3？

3．本实验中 Turbo 编码按照 TD-LTE 标准设置交织矩阵，这与常规的交织编码有何不同？

4．本实验中如果 8 状态子编码器的传输函数发生变化，那么 Turbo 编码器结构会发生变化吗？如何变化？

5．Turbo 码的应用范围有哪些？

案例 5

扩频与解扩

一、实验目的

① 了解扩频的原理及作用。

② 掌握扩频与解扩的实验方法。

二、预习要求

① 阅读实验讲义，了解扩频与解扩原理。

② 根据实验要求，完成扩频与解扩仿真内容。

三、实验器材

硬件平台：软件无线电平台、计算机。

软件平台：软件无线电平台集成开发软件、MATLAB R2012b 及以上版本。

四、实验原理

扩频是一种将传输信号的频谱扩展到相较于原始带宽更宽的通信技术，常用于无线通信领域。扩展频谱通信系统将扩展后的宽频带信号送入信道进行传输，在接收端利用相应方式将信号解压缩，从而获取传输信息。扩频带宽是信息带宽的几十倍。信息不再是决定调制信号带宽的主要因素，调制信号的带宽将主要由扩频函数来决定。常用的扩频技术主要有 4 种，即直接序列扩频（DSSS）、跳频扩频、跳时扩频、线性调频。

直接序列扩频通过将伪噪声（PN）码（又称 PN 序列）直接与基带脉冲数据相乘来扩展基带，其中，PN 码由伪噪声生成器产生。同步的数据信号先以模 2 加法的方式形成码片，然后进行相移调制。接收端接收到的扩频信号可通过式（5-1）表示。

$$S_{ss} = \sqrt{\frac{2E_s}{T_s}} m(t) p(t) \cos(2\pi f_c t + \theta) \tag{5-1}$$

其中，$m(t)$ 表示数据序列，$p(t)$ 表示 PN 码，E_s 表示幅度，θ 表示相位，f_c 表示载波频率。数据波形是时间序列上无交叠的矩形脉冲，每一脉冲的幅度等于 +1 或 –1，$m(t)$ 序列中每一个符号表示一个数据，周期是 T_s。$p(t)$ 中每一个脉冲表示一个码片，通常是幅度等于 +1 或 –1 的矩形，周期为 T_c。

跳频扩频是载波频率按一个编码序列产生的图形。所有可能的载波频率的集合称为跳频集。数字信号与二进制伪码序列进行模 2 相加，以离散地控制射频载波振荡器的输出频率，使发射信号的频率随二进制伪码的变化而发生跳变。跳频信号可以视为一系列调制数据的突发，它具有时变、伪随机的载波频率。跳频发生在若干个信道的频带上，数字信号以发射机载波频率跳变的方式被发送到随机的信道中，但是只有相应的接收机才能接收。每个信道的中心频率定义在跳频集中的频谱区域，该频谱区域包含一个窄带，用于调制突发的绝大部分功率。跳频集中使用的信道带宽称为瞬时带宽，跳频发生的频谱带宽称为总跳频带宽。

跳时扩频：跳时是用二进制伪码序列来启/闭信号的发射时刻和持续时间，发射信号的"有""无"同二进制伪码序列一样，是伪随机的。在跳时扩频方式中，传输时间被划分成以帧为单位的时间段，每帧的时间段再进一步划分成时隙。在一帧内，一个时隙调制一个信息比特，帧的所有信息比特累积发送。跳时扩频一般与跳频扩频结合起来使用，一起构成"时频跳变"系统。

在线性调频中，射频脉冲信号在一个周期内，其载频的频率做线性变化。

实际使用时经常使用上述 4 种跳频技术的组合，如跳频和直接序列扩频、跳时和直接序列扩频、跳频和跳时扩频等。采用组合方式在技术上的要求更复杂，实现起来也更困难，但它们比单一的扩频技术具有更优良的性能。

本实验采用直接序列扩频进行通信，在通信的过程中，将待传输的信息码元与 PN 码相乘，在频域上将二者的频谱进行卷积运算，使信号的频谱展宽（展宽后的频谱呈现窄带高斯特性），经载波调制后发送出去。在接收端，首先恢复同步的 PN 码，将 PN 码与调制信号相乘，这样就得到经过信息码元调制的载波信号，接着进行载波同步，经解调后得到信息码元。具体过程如图 5-1 所示。

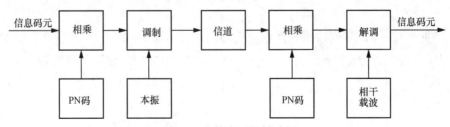

图 5-1　直接序列扩频过程

直接序列扩频的码型如图 5-2 所示。

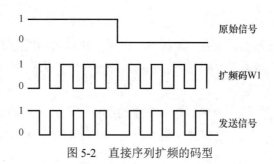

图 5-2　直接序列扩频的码型

本实验参考宽带码分多址（WCDMA），将正交可变扩频因子（OVSF）码作为扩频码（也称为信道化码）。OVSF 码具有以下特性。

① 对于长度一定的 OVSF 码组，它包含的码字总数与其码长度相等。

② 长度相同的不同码字之间相互正交，其互相关值为 0。

由于 OVSF 码具有以上特征，WCDMA 系统选用它对物理信道比特信息进行扩频。它的可变长度性质可以适应通信中的多速率业务，其正交性为减小信道间的干扰作出了贡献。

OVSF 码的上、下行链路扩频码序列相同，其编码过程如图 5-3 所示。扩频码序列记作 $C_{\text{ch},SF,k}$，其中，SF 表示扩频因子，k 表示码字序号，满足条件 $0 \leqslant k \leqslant SF-1$。码树中的每一层对应的图 5-3 中 SF 的值也是扩频码序列的长度。

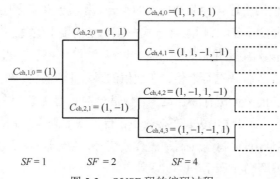

图 5-3　OVSF 码的编码过程

根据图 5-3 所示，我们接下来详细分析 OVSF 码的编码过程。

首先，当扩频因子 $SF=1$、$SF=2$、$SF=4$ 时，生成的扩频矩阵分别为

$$[1]$$

$$\begin{bmatrix} 1 & 1 \\ 1 & -1 \end{bmatrix}$$

$$\begin{bmatrix} 1 & 1 & 1 & 1 \\ 1 & 1 & -1 & -1 \\ 1 & -1 & 1 & -1 \\ 1 & -1 & -1 & 1 \end{bmatrix}$$

选取 $SF=4$ 作为扩频因子，假设给定输入的 I 路基带映射后的 5 个码字序列 $u=\begin{bmatrix}0 & 1 & 0 & 1 & 0\end{bmatrix}$。我们用 -1 表示 0，则基带信息比特可相应地改写为 $X=\begin{bmatrix}-1 & 1 & -1 & 1 & -1\end{bmatrix}$，其中的元素表示为 X_1、X_2、X_3、X_4、X_5。将这一矩阵中的第 1 个元素 $X_1=-1$ 与 $SF=4$ 扩频矩阵第 2 行的 4 个元素值分别相乘，即 $(-1)\times\begin{pmatrix}1 & 1 & -1 & -1\end{pmatrix}$，可得到 X_1 扩频后的 4 个值，为 $\begin{bmatrix}-1 & -1 & 1 & 1\end{bmatrix}$。类似地，将 $X_2=1$、$X_3=-1$、$X_4=1$、$X_5=-1$ 分别与 $SF=4$ 扩频矩阵第 2 行的元素值相乘，得到 $\begin{bmatrix}1 & 1 & -1 & -1\end{bmatrix}$、$\begin{bmatrix}-1 & -1 & 1 & 1\end{bmatrix}$、$\begin{bmatrix}1 & 1 & -1 & -1\end{bmatrix}$、$\begin{bmatrix}-1 & -1 & 1 & 1\end{bmatrix}$，再将这 16 个值写成新的码字，即得到扩频后的信息比特。

从整体扩频效果来看，基带信号的前 5 位信息比特 $X=\begin{bmatrix}-1 & 1 & -1 & 1 & -1\end{bmatrix}$ 经过 OVSF 码的扩频因子（$SF=4$）扩频，码字变为了 $[-1 \quad -1 \quad 1 \quad 1 \quad 1 \quad 1 \quad -1 \quad -1 \quad -1$ $1 \quad 1 \quad 1 \quad -1 \quad -1 \quad -1 \quad -1 \quad 1 \quad 1]$。原来的基带信号码字有 5 bit，扩频后变成了 20 bit，扩频后码字速率为原始基带信号码字速率的 4 倍。注意，扩频的码字速率由扩频因子所确定。

上述过程分析了扩频因子 $SF=4$ 的扩频情况，如果设置 $SF=8$，则可得到 8 倍码字速率的扩频码字（同样选取 OVSF 编码后第 2 行的数值进行计算）。在实际扩频通信系统中，扩频因子最高可设置 $SF=256$。

本实验需要观测 $SF=8$ 的扩频码波形，请大家根据随机生成的基带信号波形，推导出 8 倍扩频后的信号波形，并与测试波形进行对比。$SF=8$ 时生成的扩频矩阵如下。

$$\begin{bmatrix} 1 & 1 & 1 & 1 & 1 & 1 & 1 & 1 \\ 1 & 1 & 1 & 1 & -1 & -1 & -1 & -1 \\ 1 & 1 & -1 & -1 & 1 & 1 & -1 & -1 \\ 1 & 1 & -1 & -1 & -1 & -1 & 1 & 1 \\ 1 & -1 & 1 & -1 & 1 & -1 & 1 & -1 \\ 1 & -1 & 1 & -1 & -1 & 1 & -1 & 1 \\ 1 & -1 & -1 & 1 & 1 & -1 & -1 & 1 \\ 1 & -1 & -1 & 1 & -1 & 1 & 1 & -1 \end{bmatrix}$$

五、实验内容及要点提示

1. 配置实验参数，观察扩频与解扩过程中的实验现象，记录数据源的扩频与解扩数据波形。

【操作提示】

（1）将参数设置如下，数据长度为 60，扩频因子为 4，信道 1 扩频码号为 1，信道 2 扩频码号为 2，将当前模式配置为"原理讲演模式"。

（2）观察信道 1 和信道 2 解调后的星座图和误码数，此时示波器的设置为：映射后 I 路信号输出到 CH1，扩频后 I 路信号输出到 CH2，示波器显示方式设置为 XY 方式。

（3）改变参数配置，数据长度为 60，扩频因子为 8，信道 1 扩频码号为 1，信道 2 扩频码号为 1，重复上述操作，对比观察波形异同，分析成因。

2．理解本实验的 MATLAB 程序，记录软件仿真波形，对语句进行分析。

【操作提示】

（1）在软件无线电平台主界面右侧，将当前的"原理讲解"模式切换成"编程练习"模式。

（2）在主界面上方菜单中，逐个打开本实验中包含的"main.m""CAMA_TxSpreading.m""CAMA_RxDespread.m"文件，逐条理解、修改 MATLAB 程序。

3．自主设计扩频与解扩的 MATLAB 程序。

六、实验报告要求

1．总结实验原理。

2．完整记录实验数据，并按要求进行整理。

（1）数据长度为 60 bit，扩频因子为 4，分别记录信道 1 扩频码号为 1，信道 2 扩频码号为 2 时扩频前后的波形。

名称	软件仿真波形
映射后 I 路信号波形 （横坐标改为 0～400 μs）	
映射后 Q 路信号波形 （横坐标改为 0～400 μs）	
扩频后 I 路信号波形 （横坐标改为 0～400 μs）	

名称	
扩频后 Q 路信号波形 （横坐标改为 0～400 μs）	
已调信号 （横坐标改为 0～400 μs）	
接收端星座图与误码数	

分析结果：扩频调制之后，其信号传输带宽应_____原始信号，即信号的频谱被_____了。

名称	示波器实测波形
扩频前 I 路信号波形	
扩频后 I 路信号波形	

（2）数据长度为 60 bit，扩频因子为 8，分别记录信道 1 扩频码号为 1、信道 2 扩频码号为 1 时扩频前后的波形。

名称	软件仿真波形
映射后 I 路信号波形 （横坐标改为 0～1 ms）	
映射后 Q 路信号波形 （横坐标改为 0～1 ms）	

扩频后 I 路信号波形 （横坐标改为 0～1 ms）	
扩频后 Q 路信号波形 （横坐标改为 0～1 ms）	
已调信号 （横坐标改为 0～1 ms）	
接收端星座图与误码数	

分析结果：信道 1、信道 2 扩频码号相同时会产生误码，分析其原因。

名称	示波器实测波形
扩频前 I 路信号波形	
扩频后 I 路信号波形	

（3）运行例程，记录波形。

名称	波形
信道 1 扩频前 I 路信号波形	
信道 1 扩频后 I 路信号波形	

要求：

1. 请写出这段代码的作用。

```
for kkk = 1 : symbol_len
    temp = input(1, (2 * kkk - 1)) * 2 + input(1, (2 * kkk)) + 1;
    mod_data(1, kkk) = QPSK_table(temp);
end
```

答：_____

2. 已知 $C_{ch,1,0}=1$，$\begin{bmatrix} C_{ch,2,0} \\ C_{ch,2,1} \end{bmatrix} = \begin{bmatrix} C_{ch,1,0} & C_{ch,1,0} \\ C_{ch,1,0} & -C_{ch,1,0} \end{bmatrix} = \begin{bmatrix} 1 & 1 \\ 1 & -1 \end{bmatrix}$，请写出 $SF=4$ 时的 OVSF 扩频

码序列。

答：_____

（4）运行学生编写的程序，记录波形。

数据源选择	波形
信道 1 解扩频前 I 路信号波形	
信道 1 解扩频后 I 路信号波形	
星座图	

七、思考题

1．在 QPSK 调制方式中，2 bit 映射一个 IQ 符号，其扩频是如何实现的？

2．结合实验结果，分析扩频前后星座图的特性。

3．请写出 $SF = 8$ 时 OVSF 扩频后的序列码型，并与测试图进行对比。

第二部分

4G移动互联网案例

案例 6

AT 指令及其应用

一、实验目的

① 掌握 AT（Attention）指令的基础知识及分类。

② 掌握查阅 4G 移动终端模块资料的方法，进而掌握 4G 移动终端模块的使用方法。

③ 掌握 4G 移动终端与计算机之间通信的测试方法，掌握开启 AT 指令错误上报、开启 4G 网络注册事件、SIM 卡检测、获取国际移动用户标志（IMSI）等功能对应的 AT 指令的使用方法。

二、预习要求

① 查阅资料，了解 4G 移动通信系统构成。

② 查阅资料，了解 AT 指令集合。

三、实验器材

4G 移动终端模块、5 V 直流电源、4G SIM 卡（支持 TD-LTE 网络）、4G 直棒天线、mini USB 线、计算机。

四、实验原理

1．模块组成

本实验中用到的 4G 移动终端模块是采用基于芯片 LC1761 而设计的模组 LC5761，模块的时钟和复位等功能电路为各子系统提供时钟、复位等信号。该模块支持的频段如下。

时分同步码分多路访问（TD-SCDMA）支持的工作频段有 A 频段 2010～2025 MHz、F 频段 1880～1920 MHz。

GSM 支持的频段有 GSM850、EGSM900、DCS1800、PCS1900。

LTE 支持的频段有时分双工（TDD）—— band 38（2600 MHz）、band 39（1900 MHz）、band 40（2300 MHz）。

LC5761 支持 TD-LTE、TD-SCDMA、GGE 这 3 种模式，其中，TD-LTE 模式的终端能力等级（指终端能够支持传输速率的等级）为 4 级；TD-SCDMA 模式的高速下行链路分组接入（HSDPA）能力等级为 15 级，高速上行链路分组接入（HSUPA）能力等级为 6 级。GGE（即 GSM、GPRS、EDGE 首字母缩写）模式拥有非常广泛的覆盖范围，能够提供稳定的语音、短信及低速率数据业务。在承载业务方面，TD-LTE/FDD-LTE 系统支持的最大传输速率为上行 50 Mbit/s、下行 150 Mbit/s，HSDPA/HSUPA 系统支持的最大传输速率为上行 2.2 Mbit/s、下行 2.8 Mbit/s。

图 6-1 展示了 4G AT 指令测试模块。

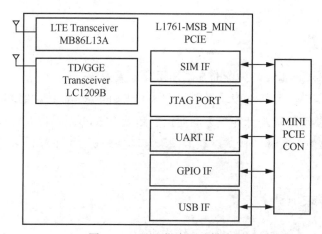

图 6-1　4G AT 指令测试模块

2．使用的接口

（1）SIM 卡接口

系统具有一个 SIM 卡接口。智能卡接口控制器符合 ISO 7816 标准，具有与 SIM 卡交互的接口功能，具体如下。

① 基于 ISO 7816 标准，完成其中 $T = 0$ 和 $T = 1$ 部分的协议。

② 实现接收字符的校验功能。

③ 支持产生和接收重发否定确认（NACK）标志。

④ 实现自动初始字符检测。

⑤ 提供通用定时器，用于实现自动目标识别（ATR）和接收检测的定时功能。

⑥ 接收方向提供 16×10 bit 的先入先出（FIFO）。

⑦ 发送方向提供 16×8 bit 的 FIFO。

（2）UART 接口

系统支持一路具备流控模式的通用异步接收发送设备（UART）接口。UART 接口用于芯片和外部设备数据的接收和发送，在系统中作为调试接口来使用。UART 接口的具体功能如下。

①　基于 UART16550 标准。

②　支持可编程自动流控、自动频率控制（AFC）模式。

③　收、发 FIFO 深度均为 16，宽度为 8 bit。

④　可设置 FIFO 中断阈值。

⑤　可设置串口波特率，默认串口波特率为 115200 Baud，最高可设置为 4 MBaud。

⑥　可设置串行传输的数据帧格式。

3．资料查找

查阅《LC5761 模块用户使用手册》和《LT20 模块硬件接口手册》，了解 LC5761 更多信息。

五、实验内容及要点提示

1．硬件连接

【操作提示】

（1）在连接 4G 移动终端模块时，可通过 SIM 卡套将支持 TD-LTE 网络的 SIM 卡接入。

（2）在检查模块驱动程序是否安装成功时，可通过计算机的"设备管理器"端口进行测试。

2．软件操作

【操作提示】

（1）设置软件参数时，串口选择"LeadCore CMCC AT Interface (COM*)"，其余保持默认选项。

（2）关于 AT 指令的详细介绍可参阅《LC5761 AT 指令集用户使用手册》（*LC5761 at command set user manual*）。

3．注意事项

（1）如果"设备管理器"中的端口检测时断时续，可能是 mini USB 线的连接有问题，需重新拔插。如果出现端口消失的情况，那么需重新连接以后，再次发送完整流程的 AT 指令。

（2）如果"4G 移动终端应用软件"中提示端口连接不上，那么可以先等待一会儿。如果还是无法连接，则重新拔插 mini USB 线，之后发送完整流程的 AT 指令。

（3）需使用支持 TD-LTE 系统的 SIM 卡。

（4）请注意 SIM 卡的缺口方向。

（5）严禁带电安装或拆卸 SIM 卡和天线。

（6）AT 指令如果重复发送，那么对于第 2 次及以后发送的指令，系统只会返回"OK"，不会返回详细信息。

六、实验报告要求

完整记录实验数据，并按要求进行整理。

序号	功能	AT 指令	AT 指令的解释及测试结果
1	4G 移动终端与计算机之间的通信测试		
2	开启 AT 指令错误上报		
3	开启 4G 网络注册事件		
4	SIM 卡锁定状态检测		
5	获取 IMSI		

七、思考题

根据 AT 指令集，分析初始化 AT 指令发送过程中返回的各项数据。

案例 7

4G 移动终端入网与上网

一、实验目的

① 掌握 4G 移动终端入网的 AT 指令及其使用方法。

② 掌握 4G 移动终端上网的 AT 指令及其使用方法。

③ 掌握 AT 指令脚本编写的方法。

二、预习要求

① 查阅资料，了解 4G 移动通信系统的构成。

② 查阅资料，了解入网、上网的 AT 指令。

三、实验器材

4G 移动终端模块、5 V 直流电源、4G SIM 卡（支持 TD-LTE 网络）、4G 直棒天线、mini USB 线、计算机。

四、实验原理

首先，入网流程，即开机入网流程（TD-LTE 接入）如图 7-1 所示。4G 移动终端模块在 App 端进行"AT^DUSIMR"（查询 SIM 卡状态）、"AT+CLCK"（时钟管理）、"AT+CPIN?"（检查 SIM 卡是否被识别）、"AT+CFUN"（设定电话机能）信令流程，如果返回正确值，则表示开机入网成功。

然后，激活分组数据业务（TD-LTE 接入），其流程如图 7-2 所示。App 端进行"AT^DQDATA"（启用硬件流控制）、"AT^DDPDN=1"（使用 CMNET[1]接入点）、"AT+CFUN=1"（检查模块的模式）、"AT+CGDATA="M-0000""（表面数据业务激活成功）信令流程，如果返回正确值，则表示激活分组数据业务完成，网络连接成功。

---

[1] CMNET，China Mobile Network，中国移动网络。

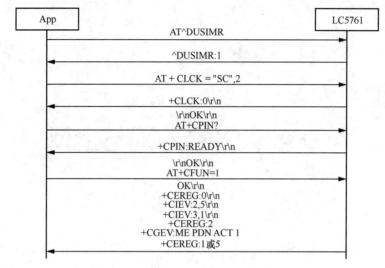

图 7-1　开机入网流程

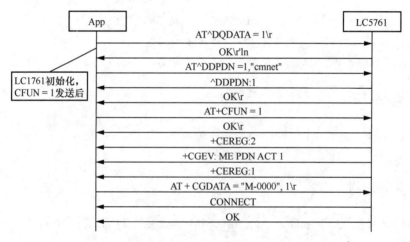

图 7-2　激活分组数据业务流程

五、实验内容及要点提示

1．软、硬件连接步骤同案例 6，这里不再赘述。

2．入网与上网流程。

【操作提示】

（1）流程中提到的 AT 指令（AT + CFUN = 1），已经在入网流程中输入过了，这里不用重复输入。

（2）入网成功以后，基站会反馈一个时间消息。

（3）能上网（激活分组数据业务）的前提是先入网，所以必须确保入网成功。

3．激活分组数据业务。

【操作提示】

激活分组数据业务成功以后，基站会给终端分配一个临时 IP 地址和网关地址，这时计算机的有线网络已经连接到互联网上了，用浏览器就可以上网。此时的 4G 移动终端模块相当于一个计算机网卡。

4．AT 指令脚本编辑。

【操作提示】

（1）找到安装 AT 指令软件的文件夹，打开"功能测试命令脚本"文件夹，新建一个文件名为"初始化"的脚本文件，再新建一个文件名为"开机与上网"的脚本文件，如图 7-3 所示。

（a）"功能测试命令脚本"文件夹　　　　　　　（b）新建脚本文件

图 7-3　AT 指令脚本文件创建界面

新建"初始化"脚本文件：如果文件夹里没有此脚本文件，则可以新建一个.txt 格式的文本文档，并将其扩展名改为.ini，文件名改为"初始化"。该脚本文件中包含上一个实验的全部 AT 指令。

新建"开机与上网"脚本文件：如果文件夹里没有此脚本文件，则可以新建一个.txt格式的文本文档，并将其扩展名改为.ini，文件名改为"开机与上网"。该脚本文件中包含本实验的全部 AT 指令。

（2）在"初始化"和"开机与上网"脚本文件中编辑如下脚本。

```
AT
OK
......
```

说明：一条 AT 指令输完以后，在下一行输入 OK，之间不用空行，也不用输入其他任何字符，再接着输入下一条 AT 指令，这样直至脚本文件中应该包含的 AT 指令全部输完为止。之后，单击"保存"按钮，关闭该文件。

（3）脚本测试。打开"4G 移动终端应用软件"，它的"测试用例"区域会出现"初始化"和"开机与上网"按钮。准备好硬件和软件环境以后（需要重新启动 4G 移动终端模块），依次单击"初始化"和"开机与上网"按钮，通过返回消息分析每条 AT 指令的结果，并与单条输入的方式进行对比。

六、实验报告要求

1. 记录 AT 指令、AT 指令的解释及测试结果。

序号	功能	AT 指令	AT 指令的解释及测试结果
1	入网 （TD-LTE 网络接入）		
2	激活分组数据业务 （TD-LTE 网络接入）		

2. 记录 AT 指令脚本编辑（请粘贴脚本编辑的截图和生成测试用例按钮的截图）。

（1）脚本编辑的截图。

（2）生成测试用例按钮的截图。

七、思考题

根据 AT 指令集，分析入网与上网、激活分组数据业务返回的各项数据。常用的 AT 指令及其功能如表 7-1 所示。

表 7-1　常用的 AT 指令及其功能

序号	AT 指令	功能
1	AT	测试 4G 移动终端模块和计算机之间通信是否成功
2	AT + CMEE = 1	开启 AT 指令错误上报
3	AT + CREG = 1	开启 2G/3G 网络注册事件
4	AT + CEREG = 1	开启 4G 网络注册事件
5	AT + CGEREP = 1	开启分组域事件
6	AT + CGREG = 1	开启 GPRS 网络注册事件
7	AT + CLCK = "SC", 2	时钟管理
8	AT + CPIN?	检测 SIM 卡是否被识别
9	AT + CFUN = 1	检查模块的模式
10	AT + COPS?	搜索可以注册的移动网络
11	AT ^ DQDATA = 1	主动产生结果码
12	AT ^ DDPDN = 1, "cmnet"	使用 CMNET 接入点
13	AT + CGDATA = "M-0000", 1	表面数据业务激活成功
14	AT + CIMI	查询 IMSI

案例 8

4G 移动终端信令流程分析

一、实验目的

① 掌握 4G 移动通信信令分析软件的使用方法。

② 掌握 4G 移动终端随机接入流程并完成核心参数的测试。

二、预习要求

① 查阅资料，了解 4G 移动通信系统构成。

② 查阅资料，了解 AT 指令集合。

三、实验器材

4G 移动终端模块、5 V 直流电源、4G SIM 卡（支持 TD-LTE 网络）、4G 直棒天线、mini USB 线、计算机。

四、实验原理

LTE 随机接入的作用是实现用户设备（UE）与网络的同步，解决冲突，分配资源和获得上行通信资源的调度信息。UE 只有通过上行随机接入获得基站的准许，才能够被调度进行上行传输。而 LTE 随机接入信道作为非同步用户端和上行无线接入的正交传输方案的接口，发挥了重要作用。随机接入分为竞争模式随机接入与非竞争模式随机接入，随机接入过程完成之后，便可开始正常的上下行传输。

1. 竞争模式随机接入过程

竞争模式随机接入过程适用以下情况。

（1）由无线资源控制（RRC）空闲状态（RRC_IDLE 状态）的初始随机接入，即 RRC 连接建立过程。

（2）RRC 连接重建过程。

（3）在RRC_CONNECTED状态下，从服务小区切换到目标小区。RRC_CONNECTED状态即连接状态。

（4）在RRC_CONNECTED状态下，未获得上行同步但需要接收下行数据。

（5）在RRC_CONNECTED状态下，未获得上行同步，但需要发送上行数据和控制信息；或虽未获得上行同步，但需要通过随机接入申请上行资源。

竞争模式随机接入步骤如图8-1所示。

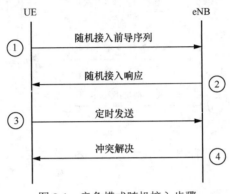

图8-1 竞争模式随机接入步骤

① 传输随机接入前导序列。UE端通过在特定的时频资源上，发送可以标识其身份的前导序列（preamble sequence），进行上行同步。

② 随机接入响应。eNB（基站）端在对应的时频资源对前导序列进行检测，完成序列检测后，发送随机接入响应。

③ 定时发送，即发送Layer/Layer3消息。UE端在发送前导序列后，在后续的一段时间内检测基站发送的随机接入响应。

④ 冲突解决，即发送竞争方式决议消息。UE端检测到属于自己的随机接入响应，这个随机接入响应中包含UE端进行上行传输的资源调度信息。

2．非竞争模式随机接入过程

非竞争模式随机接入过程不会产生接入冲突，它使用了专用的前导序列进行随机接入，目的是加快恢复业务的平均速度，缩短业务恢复时间。非竞争模式随机接入过程适用以下情况。

（1）在RRC_CONNECTED状态下，从服务小区切换到目标小区。

（2）在RRC_CONNECTED状态下，未获得上行同步，但需要接收下行数据。

（3）在RRC_CONNECTED状态下，UE端位置辅助定位需要，网络利用随机接入获取时间提前量。

非竞争性模式随机接入过程分为3个步骤，如图8-2所示，具体如下。

① eNB端向UE端发起随机前导分配业务。基站根据此时的业务需求，给UE端分配一个特定的前导序列，该序列不在基站广播信息中的随机接入序列组中。

② UE 端上行发送随机接入前导序列信令。UE 端接收到信令指示后，在特定的时频资源发送指定的前导序列。

③ eNB 端对随机接入的响应。基站接收到随机接入前导序列后，发送随机接入响应，进行后续的信令交互和数据传输。

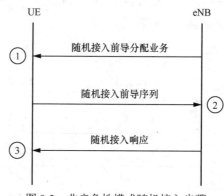

图 8-2　非竞争性模式随机接入步骤

3．Attach 流程

Attach 流程如图 8-3 所示，具体过程如下。

① 处在 RRC_IDLE 状态的 UE 端进行 Attach 过程，首先发起随机接入过程，即 MSG1。

② eNB 检测到 MSG1 后，向 UE 端发送随机接入响应消息，即 MSG2：random access response。

③ UE 端接收到随机接入响应消息后，根据 MSG2 的 TA（定时提前量）信息调整上行发送时机，向 eNB 端发送 RRC connection request 消息。

④ eNB 端向 UE 端发送 RRC connection setup 消息，包含建立 SRB1（无线信令承载）的承载信息和无线资源配置信息。

⑤ UE 端完成 SRB1 的承载和无线资源配置，向 eNB 端发送 RRC connection setup complete 消息，其中包含 NAS 层（非接入层）attach request 消息。

⑥ eNB 端选择 MME 端（移动管理实体），向 MME 端发送 initial UE message，包含 NAS 层 attach request 消息。

⑦ MME 向 eNB 端发送 initial context setup request 消息，请求建立默认承载。该消息包含 NAS 层 attach accept、activate default EPS bearer context request 消息。

⑧ eNB 端接收到 initial context setup request 消息，如果消息中不包含 UE 能力信息，则 eNB 端向 UE 端发送 UE capability enquiry 消息，查询 UE 能力。

⑨ UE 端向 eNB 端发送 UE capability information 消息，报告 UE 能力信息。

⑩ eNB 端向 MME 端发送 UE capability information indication 消息，更新 MME 的 UE 能力信息。

⑪ eNB 端根据 initial context setup request 消息中 UE 支持的安全信息，向 UE 端发送

security mode command 消息，进行安全激活。

⑫ UE 端向 eNB 端发送 security mode complete 消息，表示安全激活完成。

⑬ eNB 端根据 initial context setup request 消息中的 E-RAB（演进的无线接入承载）建立信息，向 UE 端发送 RRC connection reconfiguration 消息进行 UE 资源重配，其中包括重配 SRB1 和无线资源配置，建立 SRB2 等。

⑭ UE 端向 eNB 端发送 RRC connection reconfiguration complete 消息，表示资源配置完成。

⑮ eNB 端向 MME 端发送 initial context setup response 消息，表明 UE 上下文建立完成。

⑯ UE 端向 eNB 端发送 UL direct transfer 消息，包含 NAS 层 attach accept、active default EPS bearer context accept 消息。

⑰ eNB 端向 MME 端发送上行直传 UL NAS transport 消息，包含 NAS 层 attach accept、activate default EPS bearer context accept 信息。

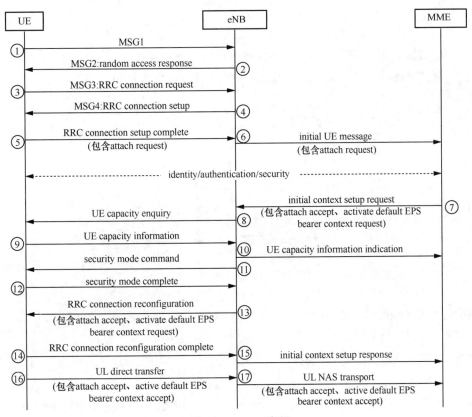

图 8-3　Attach 流程

五、实验内容及要点提示

1. 配置信令分析软件，实时抓取 4G 移动终端模块入网和上网的信令流程数据。

【操作提示】

（1）使用 STAS、LeadCore TT 等信令流程分析软件。

（2）在进入图 8-4 所示的串口连接配置界面时，选择与"LeadCore AT Interface（COM*）"相近的那个端口（串口），不要选择"LeadCore AT Interface"这个端口（串口）。

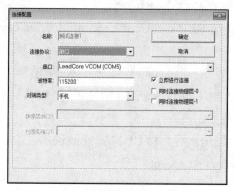

图 8-4　串口连接配置界面

（3）配置成功后，在图 8-5 所示界面左侧目录"测试连接 3"中选择"L3 信息"，双击"L3 信息"目录下方的"信令序列图"，等待抓取 4G 空中接口的信令。

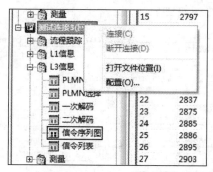

图 8-5　"信令序列图"界面

（4）发送 AT 指令，使 4G 移动终端模块完成一个完整的通信流程，即初始化—开机入网—激活分组数据业务。

（5）观察上一个实验中生成的两个脚本文件，在"初始化"和"开机与上网"文件中将可看到，STAS 信令流程分析软件的"信令序列图"不断有信令上报。待确认 4G 移动终端模块激活分组数据业务成功以后（返回信息中有 IP 地址则表明成功），选中 STAS 信令流程分析软件的"测试连接"，选择"断开连接"。

2. 对照"4G 移动终端空口信令分析步骤"，在 STAS 信令流程分析软件中找出实验内容要求的 18 个数据的实测值，对抓取的数据进行分析，填写实验报告中的"实测值"项。

3. 关于 18 个参数对应的来源，以截图形式填写到实验报告中的"实测值来源"项中。

【操作提示】

要进行 4G 移动终端空口信令分析，必须先完成以下过程。

（1）接收广播消息。基站通过下行信号广播基站的一些小区级信息，包括带宽、频点、帧号、移动国家（地区）码（MCC）和移动网络代码（MNC）等。广播消息界面如图 8-6 所示。

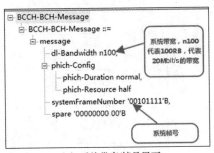

（a）系统带宽/帧号界面

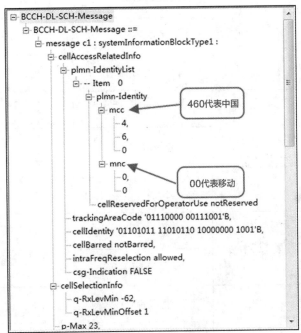

（b）MCC/MNC界面

图 8-6　广播消息界面

（2）RRC 连接请求、RRC 连接设置。

（3）鉴权请求和鉴权响应。

（4）UE 能力交互和安全模式交互。

（5）RRC 连接释放。

六、实验报告要求

（1）记录实测值。

序号	随机接入步骤	测试项目	实测值
1	接收广播消息	带宽	
		频段	
		帧号	
		MCC	
		MNC	
		子帧配比	
		特殊子帧配比	
2	RRC 连接请求和 RRC 连接设置	UE 的初始标识	
		建立的原因	
		选择的 PLMN（公共陆地移动网）编号	
3	鉴权请求和鉴权响应	鉴权参数	
		鉴权响应 RES	
4	UE 能力交互和安全模式交互	UE 上报能力需求	
		UE 等级	
		UE 支持的频段	
		加密算法 EEA0	
		一致性算法 EIA2	
5	RRC 连接释放	释放的原因	

（2）记录实测值来源（请粘贴相应截图）。

序号	随机接入步骤	测试项目	实测值来源
1	接收广播消息	带宽	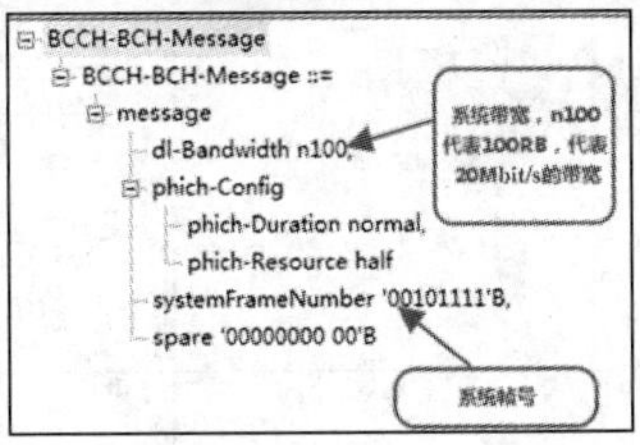
		频段	（注：按照上图方式截图，余同）
		帧号	
		MCC	
		MNC	
		子帧配比	
		特殊子帧配比	
2	RRC 连接请求和 RRC 连接设置	UE 的初始标识	
		建立的原因	
		选择的 PLMN 编号	

序号	随机接入步骤	测试项目	实测值来源
3	鉴权请求和鉴权响应	鉴权参数	
		鉴权响应 RES	
4	UE 能力交互和安全模式交互	UE 上报能力需求	
		UE 等级	
		UE 支持的频段	
		加密算法 EEA0	
		一致性算法 EIA2	
5	RRC 连接释放	释放的原因	

说明：实验报告参照此指导书，填入对应实验记录的表格中（如果实验记录的结果是图片，请打印出图片并裁剪，再贴到实验报告中），整理后提交。

七、思考题

结合 4G 移动终端入网流程，分析信令流程的过程。

案例 9

4G 移动终端工程参数分析

一、实验目的

① 掌握通过 AT 指令获取 4G 移动终端工程参数的方法。

② 掌握通过工程参数文档分析工程参数的方法。

二、预习要求

① 查阅资料，了解 4G 移动通信系统构成。

② 查阅资料，了解 AT 指令集合。

三、实验器材

4G 移动终端模块、5 V 直流电源、4G SIM 卡（支持 TD-LTE 网络）、4G 直棒天线、mini USB 线、计算机。

四、实验原理

1. 工程模式

工程模式的作用是通过测量终端的各项参数来检测基站工作时的性能指标。

2. 服务小区 ID

在 LTE 中，根据提供服务的种类，小区可以分为如下 5 种。

（1）可接收小区。UE 可以驻留，获取有限服务的小区。

（2）适合小区。UE 可以驻留，并在注册后获取正常服务。

（3）禁止小区。UE 不允许驻留的小区。

（4）保留小区。只有某些特定种类的 UE（AC11 和 AC15）在本地 PLMN 能够驻留的小区。

（5）闭合用户组（CSG）小区。只有属于 CSG 的 UE 才能驻留。

当在适合小区驻留并进行注册后，该小区称为服务小区。

3. 服务小区所含信息

（1）DL_FREQ_INFO

下行链路频率信息（down link frequency information），其值为无符号 16 bit 整型数。国内 TD-LTE 网络使用的下行链路主要有 3 个频段，分别为 band 38 频段、band 39 频段和 band 40 频段。这 3 个频段对应的频点具体如下。

band 38 频段对应的频点：[37750, 38249]。

band 39 频段对应的频点：[38250, 38649]。

band 40 频段对应的频点：[38650, 39649]。

（2）PHY_CELL_ID

TD-LTE 用物理小区编号（PCI）来区分小区，其值为无符号 16 bit 整型数。在小区搜索流程中，通过检索有 3 种可能性的主同步信号（PSS）和有 168 种可能性的辅同步信号（SSS）相结合的方式来确定具体的小区 ID，这也决定了 PCI 总数为 $3 \times 168 = 504$ 个。

PCI 的取值范围：[0, 503]。

（3）DL_BANDWIDTH

下行链路带宽（down link bandwidth），其值为无符号 8 bit 整型数。国内 TD-LTE 网络常用的下行链路带宽包括 6 MHz、15 MHz、25 MHz、50 MHz、75 MHz、100 MHz。

下行链路带宽的取值：[6, 15, 25, 50, 75, 100]。

（4）ANT_PORT_NUM

天线端口数（antenna port number），其值为无符号 8 bit 整型数。LTE 系统采用了多进多出（MIMO）技术，发射端和接收端均可以设置一根或多根天线。常用的 MIMO 配置为 1×2、1×4、2×2、2×4、4×4 等。

天线端口数的取值：[1, 2, 4]。

（5）UL_FREQ_INFO

上行链路频率信息（up link frequency information），其值为无符号 16 bit 整型数。由于 TD-LTE 网络使用的是 TDD 模式，因此同一子信道上、下行链路使用的频带是完全一致的，故上行链路频段取值与下行链路频段相同。

上行链路频段对应的频点具体如下。

band 38 频段对应的频点：[37750, 38249]。

band 39 频段对应的频点：[38250, 38649]。

band 40 频段对应的频点：[38650, 39649]。

（6）UL_BANDWIDTH

上行链路带宽（up link bandwidth），其值为无符号 16 bit 整型数。由于 TD-LTE 网络使用的是 TDD 模式，因此同一子信道上、下行链路使用的频带是完全一致的，故上行链路带宽取值与下行链路带宽相同。

上行链路带宽的取值：[6, 15, 25, 50, 75, 100]。

五、实验内容及要点提示

1．获取工程参数

【操作提示】

（1）按照案例 7 和案例 8 的开机步骤，发送 AT 指令，使 4G 移动终端处于开机入网状态。

（2）在 4G 移动终端应用软件中发送 AT 指令：AT ^ DCTS = 1, 64，此时将有很多数据不断上报，即终端获取的基站的各种参数，如图 9-1 所示。10～15 s 后发送 AT 指令：AT ^ DCTS = 0, 64，参数将停止上报。在参数返回框中选择"另存为"（此处不展示界面截图），将抓取的参数保存为一个.txt 格式文本文档，如图 9-2 所示。

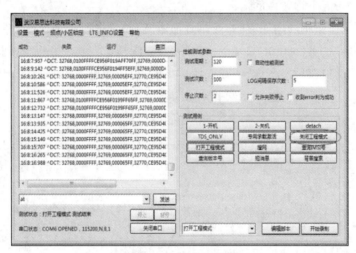

图 9-1　参数上报界面

图 9-2　参数保存界面

2. 计算参数数据

【操作提示】

（1）计算频点（DL_FREQ_INFO）

① 打开保存的.txt 格式文本文档，找到下行频点对应的地址，如图 9-3 椭圆标识所示。

序号 (No.)	名称 (name)	描述 (discription)	报告间隔 (reprot interval)	备注 (remarks)	子系统 (sub-sys)	类型地址 (type)	阶段 (phase)
1	cell ID info	服务小区ID等信息	改变上报	驻留小区成功有效	HLS	OXF700	V1

图 9-3　下行频点界面

② 将十六进制数"F700"换算成十进数，为 63232，即上报数据中含有 63232 开头的数据，里面携带着下行频点的信息。

③ 在上报的参数中（刚保存的.txt 格式文本文档），找到 63232 开头的数据，可以发现 63232 后面紧跟的数字是 0C94（十六进制），如图 9-4 所示。将 0C94 进行重新排列组合，低位在前，高位在后，变成 940C。将 940C 转换成十进制数值：

$$12 \times 16^0 + 4 \times 16^2 + 9 \times 16^3 = 37900$$

可得频点为 37900。

```
File content
10:35:13:108 OK
10:35:13:130 ^DCT: 96,FFFFFFFFFFFFFFFFFFFF
10:35:13:149 ^DCT: 63242,0100000064F0000064F0000000002372,63244,01490000
10:35:13:180 ^DCT: 32768,0000CB00,32769,00000000,32770,FFFFFFFFFF7FFF7F
10:35:13:197 ^DCT: 63232,0C94ED0164FF0C9464FFFFFF,63233,
```

图 9-4　下行频点数据

（2）计算 MCC 和 MNC

① MCC 和 MNC 对应的地址编码为 F70A，此数据为十六进制。与计算频点方法类似，其十进制转换为

$$10 \times 16^0 + 7 \times 16^2 + 15 \times 16^3 = 63242$$

即上报数据中含有 63242 开头的信息，里面携带着 MCC 和 MNC 信息，其位置为从第 5 个字节开始，即 64F000（十六进制），如图 9-5 所示。

```
File content
10:35:13:108 OK
10:35:13:130 ^DCT: 96,FFFFFFFFFFFFFFFFFFFF
10:35:13:149 ^DCT: 63242,0100000064F0000064F0000000002372,63244,01490000
10:35:13:180 ^DCT: 32768,0000CB00,32769,00000000,32770,FFFFFFFFFF7FFF7F
10:35:13:197 ^DCT: 63232,0C94ED0164FF0C9464FFFFFF,63233,
```

图 9-5　MCC 和 MNC 数据

将 64F000 按照图 9-6 所示规则排列填入表 9-1 中。

类型	长度/B	名称	描述	
Uint8	3	plmn_id[3]	MCC digit 2	MCC digit 1
			MNC digit 3	MCC digit 3
			MNC digit 2	MNC digit 1

图 9-6 MCC 和 MNC 排列规则

② 将上图获取的数据 64F000（共 3 B），依次填入表 9-1 中。

表 9-1 MCC 和 MNC 值排列顺序

MCC d2	MCC d1	MNC D3	MCC d3	MNC D2	MNC D1
6	4	F	0	0	0

则所要做的计算为：MCC = d1d2d3 = 460；MNC = D1D2D3 = 00（只有前两位）。

（3）计算小区 ID（PHY_CELL_ID）

① 与计算频点方法类似，小区 ID 对应的地址编码为 F700，其换算成十进制为 63232，即上报数据中含有 63232 开头的数据，里面携带着小区 ID 的信息。

② 在上报的参数中，找到 63242 开头的数据，里面携带着小区 ID 的信息，信息位置为从第 3 个字节开始，即 ED01（十六进制），如图 9-7 所示。

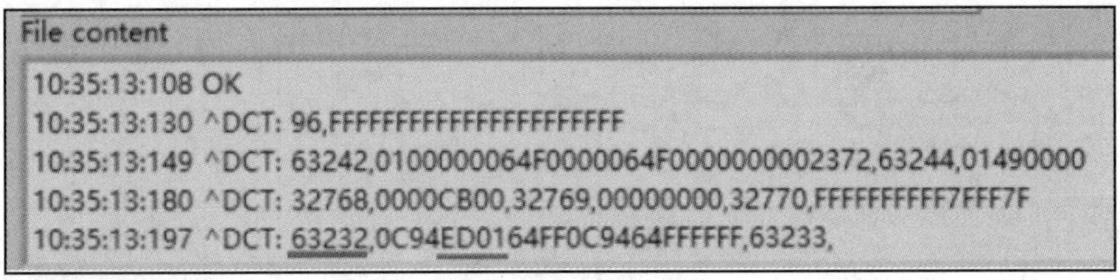

```
File content
10:35:13:108 OK
10:35:13:130 ^DCT: 96,FFFFFFFFFFFFFFFFFFFFFFFF
10:35:13:149 ^DCT: 63242,0100000064F0000064F0000000002372,63244,01490000
10:35:13:180 ^DCT: 32768,0000CB00,32769,00000000,32770,FFFFFFFFFFF7FFF7F
10:35:13:197 ^DCT: 63232,0C94ED0164FF0C9464FFFFFF,63233,
```

图 9-7 小区 ID 信息界面

对 ED01 按低位在前、高位在后进行处理，即变成 01ED，再换算为十进制数值，具体如下。

$$13 \times 16^0 + 14 \times 16^1 + 1 \times 16^2 = 493$$

可得小区 ID（PHY_CELL_ID）为 493。

（4）抓取的工程参数

抓取工程参数界面如图 9-8 所示。

图 9-8　抓取的工程参数界面

六、实验报告要求

1. 对抓取的工程参数进行分析，填写下方的"实测值"和"参数含义"。

序号	工程参数	实测值	参数含义
1	频点（DL_FREQ_INFO）		
2	MCC		
3	MNC		
4	小区 ID（PHY_CELL_ID）		

2．记录"计算值"计算的过程（请粘贴相应截图）。

（1）抓取的工程参数记录。

（2）频点（DL_FREQ_INFO）计算过程。

（3）MCC 和 MNC 计算过程。

（4）小区 ID（PHY_CELL_ID）计算过程。

七、思考题

查阅资料，请对抓取的工程参数中的其他数据进行分析。

第三部分

综合案例

案例 10
OFDM 调制与解调

一、实验目的

① 掌握 OFDM 调制的原理和实现方法。
② 掌握 OFDM 解调的原理和实现方法。
③ 掌握基于软件无线电开发平台虚拟仿真和真实测量的实验方法。

二、预习要求

① 阅读实验讲义，了解 OFDM 调制与解调原理。
② 根据实验要求，完成 OFDM 调制与解调仿真内容。

三、实验器材

硬件平台：软件无线电平台、计算机。

软件平台：软件无线电平台集成开发软件、MATLAB R2012b、LabVIEW2015 及以上版本。

四、实验原理

数字调制系统有单载波调制系统与多载波调制系统之分。单载波调制系统容易产生符号间干扰，这对均衡提出了更高的要求。多载波调制系统采用多个载波信号，把数据流分解为若干个子数据流，从而使子数据流具有较低的传输比特速率，继而利用这些数据分别调制若干个载波。在多载波调制信道中，数据传输速率相对较低，码元周期加长，只要时延扩展与码元周期之比小于阈值，就不会造成码间干扰。

正交频分复用（OFDM）是一种特殊的多载波传输方案。多载波传输把数据流分解成若干子比特流，每个子数据流具有较低的比特率，从而使 OFDM 成为低速率符号并行发送的传输系统。OFDM 的特点是各个子载波相互正交，扩频后的频谱可以相互叠加，从而减小了子载波间的相互干扰，极大地提高了频谱利用率，因此 OFDM 系统能够很好地对抗频率选择性衰落和窄带干扰。OFDM 技术与常见的频分复用（FDM）基本原理相同，OFDM 把高速的数据流通过串/并转换，分配到速率相对较低的若干个频率子信道中进行传输。OFDM 将串行数据并行地调制在多个正交的子载波上，这样可以降低每个子载波的码元速率，增大码元的符号周期，提高系统的抗衰落和抗干扰的能力。同时由于每个子载波的正交性，频谱的利用率大大提高，所以 OFDM 非常适合衰落移动场景中的高速传输。

　　OFDM 起源于 FDM，二者的主要差别在于：对传统的 FDM 系统而言，传输的信号需要在两个信道之间存在较大的频率间隔，即保护带宽来防止干扰，这样降低了频谱利用率；OFDM 的子载波正交复用技术大大减少了保护带宽，提供了更多的子载波可供使用，提高了频谱利用率，使其更能适应高传输量需求的通信应用场景。FDM 与 OFDM 带宽利用率的比较如图 10-1 所示。

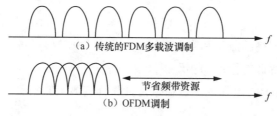

图 10-1　FDM 与 OFDM 带宽利用率的比较

　　在 OFDM 系统中，每个子信道上的子载波频率是互相正交的。这些子载波在频谱上虽然重叠，但不受其他的子载波影响。

　　OFDM 技术的核心思想是将宽频率载波划分成多个带宽较小的正交子载波，并使用这些正交子载波发送及接收信号。OFDM 信号时域、频域示意如图 10-2 所示。由于每个子载波的带宽小于信道带宽，因此 OFDM 可以有效克服频率选择性衰落，可以同时使用多个载波进行信号传输。

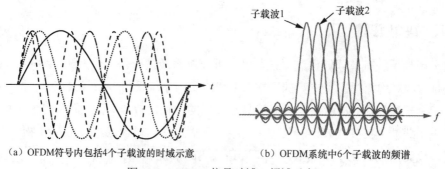

图 10-2　OFDM 信号时域、频域示意

　　图 10-2(a)展示了 OFDM 中不同频率的 4 个子载波合在一起进入发射信道，从中可看

出，4 个子载波信号在时域上混叠在一起，不易区分。图 10-2(b)展示了 OFDM 中 6 个子载波的频谱，这些信号在频域上可以明显区分出来。子载波 1 的中心频点位置与子载波 2 中频率分量为 0 的位置重叠，这意味着在解调时，只要取子载波 1 的中心频点，即可提取出子载波 1 中所携带的信号。子载波 1 不会和子载波 2 混叠，两个相邻的子载波不会相互干扰。其他子载波信道也是如此。

OFDM 时域和频域 3D 模型如图 10-3 所示。可以看出，4 个子载波（$Sub_1 \sim Sub_4$）在频域上是分开的，而在时域上是混叠在一起的。

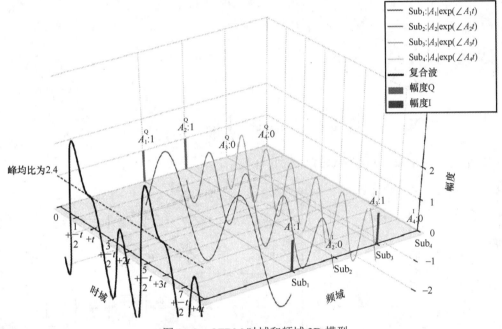

图 10-3　OFDM 时域和频域 3D 模型

下面，我们通过数学的方法来介绍 OFDM 的原理。

设基带调制信号的带宽为 W，码元调制速率为 R，码元周期为 t_s，信道的最大时延扩展 $\varDelta_m > t_s$。OFDM 将基带调制信号分割为 N 个子信号，分割后的各子信号码元速率为 R/N、周期为 $T_s = Nt_s$，用 N 个子信号对应地调制 N 个相互正交的子载波。

当调制信号通过无线信道到达接收端时，由于子信道的划分受到频率偏移敏感性的影响，不能使频移 $\varDelta f \rightarrow 0$，因此子信道仍然存在多径效应。多径效应带来的码间串扰让子载波之间不再能够保持良好的正交状态，因而发送前码元间会插入保护间隔 δ。如果保护间隔 δ 大于最大时延扩展 $\varDelta_m$，则所有时延小于 δ 的多径信号将不会延伸到下一个码元期间，因而有效地消除了码间串扰。

OFDM 调制信号可通过式（10-1）表示。

$$D(t) = \sum_{n=1}^{N-1} d(n)\exp(\mathrm{j}2\pi f_n t), \quad t \in [0, T] \tag{10-1}$$

其中，$d(n)$ 表示第 n 个调制码元，$T = T_\mathrm{s} + \delta$，各子载波的频率满足式（10-2）。

$$f_k = f_0 + k/t_\mathrm{s}, k = 0, 1, \cdots, N-1 \tag{10-2}$$

其中，f_0 表示基底频率。

载波的基本单元信号可通过式（10-3）表示。

$$\begin{cases} g(t,k) = \mathrm{e}^{\mathrm{j}2\pi f_k t}, 0 \leqslant t < t_\mathrm{s} \\ g(t,k) = 0, 其他 \end{cases} \tag{10-3}$$

这些基本的单元信号满足式（10-4）所表示的正交性。

$$\begin{cases} \displaystyle\int_0^{t_\mathrm{s}} g(t,k) g^*(t,k') \mathrm{d}t = 0 \\ \displaystyle\int_0^{t_\mathrm{s}} g(t,k) g^*(t,k') \mathrm{d}t = \int_0^T |g(t,k)|^2 \mathrm{d}t = t_\mathrm{s} \end{cases} \tag{10-4}$$

OFDM 系统的调制与解调原理如图 10-4 所示。

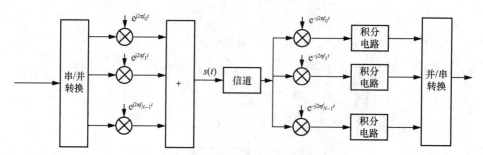

图 10-4　OFDM 系统的调制与解调原理

在图 10-4 中，串/并转换单元读取一帧信号所需的串行数据流为 N_f bit。串行数据流分为 N 组进行 QAM 映射，其中，第 i 组包含 n_i bit 的码元，且满足式（10-5）所示的条件。

$$\sum_{i=1}^N n_i = N_\mathrm{f} \tag{10-5}$$

这里 n_i bit 的码元为映射第 i 个子信道的调制矢量符号，即 $d(i) = a(i) + \mathrm{j}b(i)$，$i = 0, \cdots, N-1$。信道中如果存在较高的信噪比，则可采用 16QAM、64QAM 的调制方式；如果信噪比较低，则可使用 BPSK 调制方式。

在接收端，输入信号分成 N 个支路，分别用各子载波混频和积分电路恢复出子载波上调制的信号，再经过并/串转换和常规 QAM 解调恢复信号。由于子载波的正交性，混频和积分电路可以有效地分离各个子信道。映射到第 m 个子载波上的数据，如式（10-6）所示。

$$\hat{d}(m) = \int_0^{t_s} \sum_{i=0}^{N-1} d(n)\exp(j\omega_i t)\exp(-j\omega_m t)\mathrm{d}t$$

$$= \sum_{i=0}^{N-1} d(n)\int_0^{t_s}\exp(j(\omega_i - \omega_m)t)\mathrm{d}t \qquad (10\text{-}6)$$

$$= \sum_{i=0}^{N-1} d(n)\int_0^{t_s}\exp\left(\frac{j2\pi(i-m)}{T_s}t\right)\mathrm{d}t$$

在常规的 FDM 系统中，为了避免相邻频道间频谱的混叠，通常在频道间加入保护间隔，这种方式的信道利用率较低。OFDM 技术则将整个频带分成多个正交的子信道，各子信道频谱相互交叠，提高了频谱利用率。但是，在每个子信道载波频率的位置上，来自其他子信道的干扰为 0。

OFDM 存在以下技术优点。

（1）在窄带带宽下也能够收、发大量的数据，OFDM 技术能同时收、发至少 1000 路的数字信号。

（2）OFDM 技术能够持续不断地监控传输介质上通信特性的突然变化。由于通信路径传送数据的能力会随时间发生变化，所以 OFDM 能动态地与之相适应，并且接通和切断相应的载波，以保证持续地进行成功的通信。

（3）OFDM 技术可以自动检测到传输介质中哪一个特定的载波存在高的信号衰减或干扰脉冲，继而采取合适的调制措施，使特定频率下的载波进行成功通信。

（4）高速的数据传输及数字语音广播都希望降低多径效应对信号的影响，OFDM 技术特别适合使用在高层建筑物、居住密集和地理上突出的地方（如山）等地区。

（5）OFDM 技术的最大优点是对抗频率选择性衰落或窄带干扰。在单载波调制系统中，单个衰落或干扰能够导致整个通信失败。但是，在多载波调制系统中，仅仅有很小一部分载波会受到干扰，这些子信道传输的信号可以通过纠错码进行纠错。

五、实验内容及要点提示

1．记录当调制方式为 QPSK 时，OFDM 调制和解调各过程点的时域波形和频域波形。

【操作提示】

（1）将"调制方式"设置为"QPSK"，"数据类型"设置为"10 交替"，"子载波数"设置为"32"，"start"设置为"1"，"stop"设置为"32"，不勾选"添加噪声"选项，如图 10-5 所示。

图 10-5　参数配置界面

（2）先用软件仿真的方式，分别记录 I 路信号和 Q 路信号各测试点的时域波形、频域波形；再将该波形输出到示波器上，记录其硬件测量的时域波形（频域波形可不用记录）。

2．改变调制方式为 16QAM，观测并记录波形。

【操作提示】

（1）将"调制方式"设置为"16QAM"，"数据类型"设置为"10 交替"，"子载波数"设置为"32"，"start"设置为"1"，"stop"设置为"32"，不勾选"添加噪声"选项，参数设置类似于图 10-5 所示内容。

（2）记录软件仿真波形及实测波形。

3．改变调制方式为 64QAM，观测并记录波形。

【操作提示】

（1）将"调制方式"设置为"64QAM"，"数据类型"设置为"10 交替"，"子载波数"设置为"32"，"start"设置为"1"，"stop"设置为"32"，不勾选"添加噪声"选项，参数设置类似于图 10-5 所示内容。

（2）记录软件仿真波形及实测波形。

4．改变波形起始位置，观测并记录波形。

【操作提示】

（1）将"调制方式"设置为"64QAM"，"数据类型"设置为"10 交替"，"子载波数"设置为"32"，"start"设置为"8"，"stop"设置为"24"，不勾选"添加噪声"选项，参数设置类似于图 10-5 所示内容。

（2）记录软件仿真波形及实测波形。

5．再次改变波形起始位置，观测并记录波形。

【操作提示】

（1）将"调制方式"设置为"64QAM"，"数据类型"设置为"10 交替"，"子载波数"设置为"32"，"start"设置为"16"，"stop"设置为"32"，不勾选"添加噪声"选项，参数设置类似于图 10-5 所示内容。

（2）记录软件仿真波形及实测波形。

6．添加噪声，观测并记录 OFDM 调制和解调各过程点的时域波形和频域波形。

【操作提示】

（1）将"调制方式"设置为"64QAM"，"数据类型"设置为"10 交替"，"子载波数"设置为"32"，"start"设置为"1"，"stop"设置为"32"，勾选"添加噪声"选项，"信噪比"默认设置为"10"，参数设置类似于图 10-5 所示内容。

（2）记录软件仿真波形及实测波形。

六、实验报告要求

1. 固定数据输入，将"调制方式"设置为"QPSK"，"数据类型"设置为"10 交替"，"子载波数"设置为"32"，"start"设置为"1"，"stop"设置为"32"，不勾选"添加噪声"时，记录仿真结果。

波形名称	软件仿真波形（时域）	软件仿真波形（频域）
基带信号		
I 路信号		
Q 路信号		
I 路已调信号		
Q 路已调信号		
已调信号（总）		
解调信号		

2. 固定数据输入，将"调制方式"设置为"QPSK"，"数据类型"设置为"10 交替"，"子载波数"设置为"32"，"start"设置为"1，"stop"设置为"32"，不勾选"添加噪声"时，记录实测结果。

波形名称	实测波形（时域）	实测波形（频域）
基带信号		
I 路信号		
Q 路信号		
I 路已调信号		
Q 路已调信号		
已调信号（总）		
解调信号		

3. 改变调制方式，将"调制方式"设置为"16QAM"，"数据类型"设置为"10 交替"，"子载波数"设置为"32"，"start"设置为"1"，"stop"设置为"32"，不勾选"添加噪声"时，记录仿真结果。

波形名称	软件仿真波形（时域）	软件仿真波形（频域）
基带信号		
I 路信号		
Q 路信号		
I 路已调信号		
Q 路已调信号		
已调信号（总）		
解调信号		

4. 改变调制方式，将"调制方式"设置为"16QAM"，"数据类型"设置为"10 交替"，"子载波数"设置为"32"，"start"设置为"1"，"stop"设置为"32"，不勾选"添加噪声"时，记录实测结果。

波形名称	实测波形（时域）	实测波形（频域）
基带信号		
I 路信号		
Q 路信号		
I 路已调信号		
Q 路已调信号		
已调信号（总）		
解调信号		

5. 改变调制方式，将"调制方式"设置为"64QAM"，"数据类型"设置为"10 交替"，"子载波数"设置为"32"，"start"设置为"1"，"stop"设置为"32"，不勾选"添加噪声"时，记录仿真结果。

波形名称	软件仿真波形（时域）	软件仿真波形（频域）
基带信号		
I 路信号		
Q 路信号		
I 路已调信号		
Q 路已调信号		
已调信号（总）		
解调信号		

6．改变调制方式，将"调制方式"设置为"64QAM"，"数据类型"设置为"10 交替"，"子载波数"设置为"32"，"start"设置为"1"，"stop"设置为"32"，不勾选"添加噪声"时，记录实测结果。

波形名称	实测波形（时域）	实测波形（频域）
基带信号		
I 路信号		
Q 路信号		
I 路已调信号		
Q 路已调信号		
已调信号（总）		
解调信号		

7. 改变波形起始位置，将"调制方式"设置为"64QAM"，"数据类型"设置为"10
交替"，"子载波数"设置为"32"，"start"设置为"8"，"stop"设置为"24"，不勾选"添
加噪声"时，记录仿真结果。

波形名称	软件仿真波形（时域）	软件仿真波形（频域）
基带信号		
I 路信号		
Q 路信号		
I 路已调信号		
Q 路已调信号		
已调信号（总）		
解调信号		

8．改变波形起始位置，将"调制方式"设置为"64QAM"，"数据类型"设置为"10
交替"，"子载波数"设置为"32"，"start"设置为"8"，"stop"设置为"24"，不勾选"添
加噪声"时，记录实测结果。

波形名称	实测波形（时域）	实测波形（频域）
基带信号		
I 路信号		
Q 路信号		
I 路已调信号		
Q 路已调信号		
已调信号（总）		
解调信号		

9. 改变波形起始位置，将"调制方式"设置为"64QAM"，"数据类型"设置为"10交替"，"子载波数"设置为"32"，"start"设置为"16"，"stop"设置为"32"，不勾选"添加噪声"时，记录仿真结果。

波形名称	软件仿真波形（时域）	软件仿真波形（频域）
基带信号		
I 路信号		
Q 路信号		
I 路已调信号		
Q 路已调信号		
已调信号（总）		
解调信号		

10. 改变波形起始位置，将"调制方式"设置为"64QAM"，"数据类型"设置为"10交替"，"子载波数"设置为"32"，"start"设置为"16"，"stop"设置为"32"，不勾选"添加噪声"时，记录实测结果。

波形名称	实测波形（时域）	实测波形（频域）
基带信号		
I 路信号		
Q 路信号		
I 路已调信号		
Q 路已调信号		
已调信号（总）		
解调信号		

11. 将"调制方式"设置为"64QAM","数据类型"设置为"10 交替","子载波数"设置为"32","start"设置为"1","stop"设置为"32",勾选"添加噪声"时，记录仿真结果。

波形名称	软件仿真波形（时域）	软件仿真波形（频域）
基带信号		
I 路信号		
Q 路信号		
I 路已调信号		
Q 路已调信号		
已调信号（总）		
解调信号		

12. 将"调制方式"设置为"64QAM","数据类型"设置为"10 交替","子载波数"设置为"32","start"设置为"1","stop"设置为"32",勾选"添加噪声"时,记录实测结果。

波形名称	实测波形（时域）	实测波形（频域）
基带信号		
I 路信号		
Q 路信号		
I 路已调信号		
Q 路已调信号		
已调信号（总）		
解调信号		

13．将"调制方式"设置为"64QAM"，绘制接收端星座图。

软件仿真星座图	实测星座图

七、思考题

1．同相分量和正交分量有何区别？

2．和传统的 FDM 技术相比较，OFDM 技术有何优势，在实验中是如何体现的？

3．通过对比 OFDM 调制、解调前后信号的波形，分析系统是否运行良好。

4．通过实验结果，探讨消除符号间干扰和载波间干扰（ICI）的有效解决办法。

案例 11

基于 FPGA 的卷积码编码和
维特比译码设计

一、实验目的

① 掌握通过现场可编程门阵列（FPGA）完成卷积码编码和维特比译码的原理及实现方法。

② 学习 Verilog 语言，掌握实现卷积码编码和维特比译码模块的编写方法。

③ 熟悉 FPGA 集成开发软件 Quartus II 的使用方法。

二、预习要求

① 熟悉 Quartus II 软件使用方法。

② 根据实验要求，设计卷积码编码和维特比译码仿真内容。

三、实验器材

硬件平台：软件无线电平台、FPGA 下载器、计算机、数字示波器。

软件平台：软件无线电平台集成开发软件、MATLAB R2012b、Quartus II 13.0 及以上版本。

四、实验原理

1. 卷积码编码

卷积码是一种纠错码。在计算机、信息理论和编码理论中，纠错码是信息传输中检测与纠正错误的工具，通常用在不可靠或嘈杂的信道中。发送方利用纠错码中的冗余信息使接收方能够检测消息传输中发生的错误。相较于错误检测，纠错码不仅能够检测到错误，还可以纠正错误。

卷积码将输入的 k bit 信息（构成一小段）编码成 n bit 后输出，特别适合以串行的形式进行数据传输，具有时延小的特点。卷积码编码器的结构如图 11-1 所示，包括 3 层。第 1 层由 N 段组成的输入移位寄存器，每一小段有 k bit，共 Nk 个移位寄存器；第 2 层为 n 个模 2 相加器；第 3 层由 n 级组成的输出移位寄存器，对应于每段 k bit 的输入序列，输出共 n bit 信息。

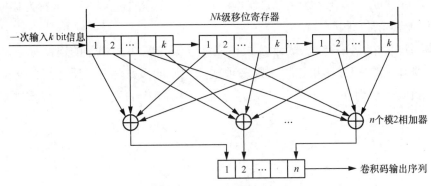

图 11-1 卷积码编码器的结构

由图 11-1 可以看出，输出的 n bit 不仅与当前的 k bit 信息有关，还与前 $(N-1)k$ bit 信息有关。通常将 N 称为约束长度（也可把约束长度定为 nN 或 $N-1$），习惯上把卷积码记为 (n, k, N)，当 $k=1$ 时，$(N-1)$ 表示寄存器的个数，编码效率定义为 $R_c = k/n$。

卷积码的表示方法有解析法和图解法两种。

解析法可以用数学式直接表达，包括离散卷积法、生成矩阵法、码生成多项式法。图解法包括树状图、网络图和状态图（这是最常用的图形表达形式）3 种。一般情况下，解析法比较适合描述编码过程，而图解法比较适合描述译码过程。

下面以 $(2, 1, 3)$ 卷积码编码器为例详细讲述卷积码的产生原理和表示方法。$(2, 1, 3)$ 卷积码的约束长度为 3，编码速率为 1/2，$(2, 1, 3)$ 卷积码编码器的结构如图 11-2 所示。

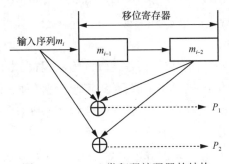

图 11-2 $(2, 1, 3)$ 卷积码编码器的结构

在图 11-2 中，移位寄存器数为 2，生成的 2 个多项式为 P_1、P_2。这里我们主要介绍码生成多项式法，图 11-2 中用多项式表示输入序列、输出序列，以及编码器中移位寄存器

与模 2 相加器的连接关系。

假设输入序列（即信息位 u）为 1011100…，则信息位可通过式（11-1）来描述。

$$M(x) = 1 + x^2 + x^3 + x^4 + \cdots \tag{11-1}$$

将式（11-1）表示为输入序列，可得到式（11-2）。

$$M(x) = m_1 + m_2 x + m_3 x^2 + m_4 x^3 + \cdots \tag{11-2}$$

其中，m_1、m_2、m_3、m_4 等表示由二进制数（1 或 0）表示的输入序列；x 称为移位算子或时延算子，标志着位置状况。

在编码过程中，用多项式表示各级移位寄存器与模 2 相加器的连接关系。若某级移位寄存器与模 2 相加器相连接，则多项式项相应的系数为 1；反之，无连接时，多项式项的相应系数为 0。对于图 11-2 所示的编码器，相应的生成多项式可通过式（11-3）表示。

$$\begin{cases} g_1(x) = 1 + x + x^2 \\ g_2(x) = 1 + x^2 \end{cases} \tag{11-3}$$

将生成多项式与输入序列多项式相乘，可以产生输出序列多项式，即得到两个输出序列，分别如式（11-4）和式（11-5）所示。

$$\begin{aligned} P_1(x) &= M(x)g_1(x) = (1 + x^2 + x^3 + x^4)(1 + x + x^2) \\ &= 1 + x^2 + x^3 + x^4 + x + x^3 + x^4 + x^5 + x^2 + x^4 + x^5 + x^6 \\ &= 1 + x + x^4 + x^6 \end{aligned} \tag{11-4}$$

$$P_2(x) = M(x)g_2(x) = (1 + x^2 + x^3 + x^4)(1 + x^2) \tag{11-5}$$

得到的对应码组可通过式（11-6）表示。

$$\begin{cases} P_1(x) = 1 + x + x^4 + x^6 \leftrightarrow p_1 = (1100101) \\ P_2(x) = 1 + x^3 + x^5 + x^6 \leftrightarrow p_2 = (1001011) \\ P = (p_1, p_2) = (11, 10, 00, 01, 10, 01, 11) \end{cases} \tag{11-6}$$

由此，得到编码结果为 $P = (p_1, p_2) = (11, 10, 00, 01, 10, 01, 11)$，即为对初始信息位 $u = (1011100)$ 进行卷积码编码后得到的码型。

2. 维特比译码

卷积码的译码方法有两类：一类是大数逻辑译码，又称门限译码；另一类是概率译码，概率译码又分为维特比（Viterbi，VB）译码和序列译码两种。门限译码法是以分组理论为基础的，其译码设备简单、速度快，但其误码性能要比概率译码法的误码性能差，这里我们主要介绍维特比译码算法。

维特比译码过程如图 11-3 所示，其中，S_0、S_1、S_2、S_3 表示译码过程的 4 种状态，两层状态间的平行线表示输出码字相同。横向 S_0 共有 8 种状态，用 0～7 表示；纵向共有 4 种状态，用 a、b、c、d 表示，例如 a_0 表示第 1 行第 1 列的状态"地址"位置（依次类推）；虚线、实线两种横/斜线上的码字表示实际输出码字。

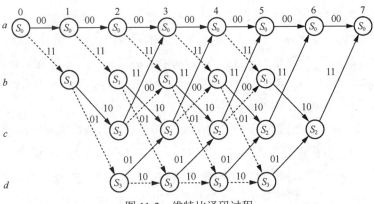

图 11-3　维特比译码过程

由前述内容可知，信息位 $u = (1011100)$ 通过卷积码的编码后的码型为 $P = (11, 10, 00, 01, 10, 01, 11)$。为了说明纠错性能，我们在接收码字的第 1 位、第 5 位和第 7 位（这里的 1 位包含 2 个符号）故意加入错误位。假设接收端接收到的错误码字为 $y = (10\ 10\ 00\ 01\ 11\ 01\ 10)$，下面我们通过分析维特比译码的译码过程，说明接收到的错误码字纠错译码后如何得到正确的信息位。

首先，将 7 个接收码字 $y = (10\ 10\ 00\ 01\ 11\ 01\ 10)$ 分别对应写在第 1 行的横线箭头上方，作为参考，与横线上方的实际输出码字作对比，观察是否出现误码，以确定累积错误度量值。译码过程可分为 7 步，具体如下。

步骤 1：从左上角的状态 a_0（S_0）开始，a_0 有两条路径，分别为 $a_0 \rightarrow a_1$ 和 $a_0 \rightarrow b_1$。在 $a_0 \rightarrow a_1$ 路径中，实线箭头上方的实际输出码字标识为 00，而接收码字为 10，有一位误码，错误度量值为 1，此时在该路径箭头上方记下 1；在 $a_0 \rightarrow b_1$ 路径中，虚线上方的实际输出码字标识为 11，而接收码字仍为 10，有一位误码，错误度量值为 1，此时在该路径箭头上方记下 1。第 1 列到第 2 列的状态转移结束，在状态 a_1 圆圈上方记下累积错误度量的值为 1，在状态 b_1 圆圈上方记下累积错误度量的值为 1。

步骤 2：状态 a_1 有两条路径，分别为 $a_1 \rightarrow a_2$ 和 $a_1 \rightarrow b_2$；状态 b_1 也有两条路径，分别为 $b_1 \rightarrow c_2$ 和 $b_1 \rightarrow d_2$，下面分别进行分析。在 $a_1 \rightarrow a_2$ 路径中，实线箭头上方的实际输出码字标识为 00，而接收码字为 10，有一位误码，再加上 a_1 圆圈上方的累积错误度量值 1，所以到达 a_2 的累积错误度量值成为 2（1 + 1），此时在该路径箭头上方记下 2，同时在状态 a_2 圆圈的上方记下累积错误度量值 2。在 $a_1 \rightarrow b_2$ 路径中，虚线箭头上方的实际输出码字标识为 11，而接收码字为 10，有一位误码，再加上 a_1 的累积错误度量值 1，所以到达 b_2 的累积错误度量值成为 2（1 + 1），此时在该路径箭头上方记下 2，同时在状态 b_2 的上方记下累积错误度量值 2。同理，在 $b_1 \rightarrow c_2$ 路径中，实线箭头上方的实际输出码字标识为 10，而接收码字为 10，没有误码，所以到达 c_2 的累积错误度量值为 1（1 + 0），此时在该路径箭头上方记下 1，同时在状态 c_2 的上方记下累积错误度量值 1。在 $b_1 \rightarrow d_2$ 路径中，虚线箭头上方的实际输出码字标识为 01，而接收码字为 10，有两位误码，再加上 b_1 的累积错误度量值 1，所以到达 d_2 的累积错误度量值成为 3（1+2），此时在该路径箭头上方记下 3，同时在状态 b_2 的上方记下累积错误度量值 3。此时，状态 a_2、b_2、c_2、d_2 圆圈上方的累积错误度量值分别为 2、2、1、3。

步骤 3：状态 a_2 有两条路径，分别为 $a_2 \to a_3$ 和 $a_2 \to b_3$；状态 b_2 有两条路径，分别为 $b_2 \to c_3$ 和 $b_2 \to d_3$；状态 c_2 有两条路径，分别为 $c_2 \to a_3$ 和 $c_2 \to b_3$；状态 d_2 有两条路径，分别为 $d_2 \to c_3$ 和 $d_2 \to d_3$。下面分别进行描述。

在 $a_2 \to a_3$ 路径中，实线箭头上方的实际输出码字标识为 00，接收码字为 00，没有误码，而状态 a_2 的累积错误度量值为 2，所以到达 a_3 的累积错误度量值为 2（2+0），此时在该路径箭头上方记下 2。还有一条路径到达 a_3，这里暂时不统计状态 a_3 的累积错误度量值。在 $a_2 \to b_3$ 路径中，虚线箭头上方的实际输出码字标识为 11，而接收码字为 00，有两位误码，此时状态 a_2 的累积错误度量值为 2，所以到达 b_3 的累积错误度量值成为 4（2+2），此时在该路径箭头上方记下 4。还有一条路径到达 b_3，这里也暂时不统计状态 b_3 的累积错误度量值。

在 $b_2 \to c_3$ 路径中，实线箭头上方的实际输出码字标识为 10，接收码字为 00，有一位误码，而状态 b_2 的累积错误度量值为 2，所以到达 c_3 的累积错误度量值成为 3（2+1），在该路径箭头上方记下 3。此时，暂时不统计状态 c_3 的累积错误度量值。在 $b_2 \to d_3$ 路径中，虚线箭头上方的实际输出码字标识为 01，而接收码字为 00，有一位误码，此时状态 b_2 的累积错误度量值为 2，所以到达 d_3 的累积错误度量值为 3（2+1），在该路径箭头上方记下 3。同理，这里也暂时不统计状态 d_3 的累积错误度量值。

在 $c_2 \to a_3$ 路径中，实线箭头上方的实际输出码字标识为 11，接收码字为 00，有两位误码，而状态 c_2 的累积错误度量值为 1，所以到达 a_3 的累积错误度量值为 3（1+2），在该路径箭头上标记 3。此时，暂时不统计状态 a_3 的累积错误度量值。在 $c_2 \to b_3$ 路径中，虚线箭头上方的实际输出码字标识为 00，而接收码字为 00，没有误码，此时状态 c_2 的累积错误度量值为 1，所以到达 b_3 的累积错误度量值为 1（1+0），在该路径箭头上方记下 1。同理，这里也暂时不统计状态 b_3 的累积错误度量值。

在 $d_2 \to c_3$ 路径中，实线箭头上方的实际输出码字标识为 01，接收码字为 00，有一位误码，而状态 d_2 的累积错误度量值为 3，所以到达 c_3 的累积错误度量值成为 4（3+1），在该路径箭头上标记 4。在 $d_2 \to d_3$ 路径中，虚线箭头上方的实际输出码字标识为 10，而接收码字为 00，有一位误码，此时状态 d_2 的累积错误度量值为 3，所以到达 d_3 的累积错误度量值为 4（3+1），在该路径箭头上方记下 4。

现在选取最小的累积错误度量值作为第 3 列状态的累积错误度量值，状态 a_3 的输入有两个：a_2 和 c_2，a_2 路径的累积错误度量值为 2，c_2 路径的累积错误度量值为 3，选取最小值 2 作为状态 a_3 的累积错误度量值，在 a_3 状态圆圈的上方标记累积错误度量值为 2。同理，选取 $c_2 \to b_3$ 路径的累积错误度量值 1，作为状态 b_3 的累积错误度量值；选取 $b_2 \to c_3$ 路径的累积错误度量值 3，作为状态 c_3 的累积错误度量值；选取 $b_2 \to d_3$ 路径的累积错误度量值 3，作为状态 d_3 的累积错误度量值，分别标记在圆圈上方。这时，a_3、b_3、c_3、d_3 的最小累积错误度量值分别为 2、1、3、3。

步骤 4：与步骤 3 类似，得到状态 a_4、b_4、c_4、d_4 的最小累积错误度量值分别为 3、3、3、1。同理，状态 a_5、b_5、c_5、d_5 的最小累积错误度量值分别为 3、3、2、2；状态 a_6、c_6 的最小累积错误度量值分别为 3、2；状态 a_7 的最小累积错误度量值为 3。

步骤 5：以上 4 步将最小累积错误度量值标记在各状态上方，接下来，从状态 a_7 倒序往回，沿着最小错误度量值的路径，找出最优解码路径（简称最优路径，又称幸存路径）。根据以上结果画图分析，找出的最优路径为 $a_7 \rightarrow c_6 \rightarrow d_5 \rightarrow d_4 \rightarrow b_3 \rightarrow c_2 \rightarrow b_1 \rightarrow a_0$。如果某一状态两条到达路径的最小错误度量值一样，则任选一条路径即可。

步骤 6：确定好最优路径之后，从初始状态 a_0 开始，将经过的每一条路径的码型从左到右记录下来，作为译码的结果。根据路径上标记的码型，可得译码结果为 $c = (11\ 10\ 00\ 01\ 10\ 01\ 11)$。

步骤 7：在经过的最优路径中，虚线表示码型 1，实线表示码型 0，则可确定最终译码的信息为 $u = (1011100)$，这也即是卷积码编码前的初始信息位。

通过以上分析过程可知，维特比译码能将接收到的错误信息译码得到正确的结果，体现出了维特比译码强大的纠错能力。在维特比译码原理分析过程中，要时刻注意接收码字为 $y = (10\ 10\ 00\ 01\ 11\ 01\ 10)$，译码结果为 $c = (11\ 10\ 00\ 01\ 10\ 01\ 11)$，信息位为 $u = (1011100)$。

接下来，如果接收到的码字信息没有错误位呢，维特比译码还能正常工作吗？大家可以按照上述分析过程尝试一下。结论为维特比译码同样能正常工作，且最终选定的最优路径上的最小累积错误度量值为 0。

3．FPGA 设计原理及各模块介绍

本案例的 FPGA 设计原理如图 11-4 所示。

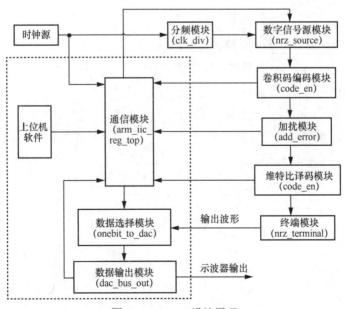

图 11-4 FPGA 设计原理

（1）分频模块

本案例中的分频模块如图 11-5 所示。

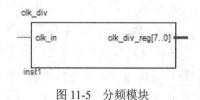

图 11-5　分频模块

功能：将系统时钟（26 MHz）进行 2/4/8/16/32/64/128/256 分频输出。

输入参数：clk_in——系统时钟。

输出参数：clk_div_reg——输出的计数数据，用以分频。

（2）数字信号源模块

本案例中的数字信号源模块如图 11-6 所示。

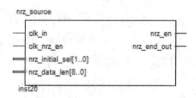

图 11-6　数字信号源模块

功能：输出有限制长度的 NRZ 码。

输入参数：clk_in——模块控制时钟；

　　　　　clk_nrz_en——使能信号；

　　　　　nrz_initial_sel——端口选通；

　　　　　nrz_data_len——NRZ 码数据长度。

输出参数：nrz_en——数据有效性标志；

　　　　　nrz_end_out——输出数据。

（3）卷积码编码模块

本案例中的卷积码编码模块如图 11-7 所示。

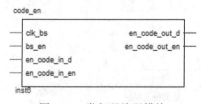

图 11-7　卷积码编码模块

功能：对输入的信号进行卷积编码。数字信号源输入，采用 1/2 卷积编码、5 级移位寄存器和生成 2 个多项式，如式（11-7）所示。卷积编码的功能是对有效信号使用信号时延，使输出数据和有效信号时延后对齐。

$$\begin{cases} g_1(x) = 1 + x^3 + x^4 \\ g_2(x) = 1 + x + x^3 + x^4 \end{cases}$$

（11-7）

输入参数：clk_bs——工作时钟；

　　　　　bs_en——位同步信号；

　　　　　en_code_in_d——编码前数据输入；

　　　　　en_code_in_en——编码前数据有效信号输入。

输出参数：en_code_out_d——编码后数据输出；

　　　　　en_code_out_en——编码后数据有效信号输出。

（4）加扰模块

本案例中的加扰模块如图 11-8 所示。

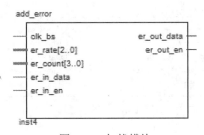

图 11-8　加扰模块

功能：设置误码率和连续错误码数，对输入的信号进行加入错误码操作。

输入参数：clk_bs——工作时钟；

　　　　　er_rate——误码率；

　　　　　er_count——连续错误码数；

　　　　　er_in_data——加扰前数据；

　　　　　er_in_en——加扰有效信号。

输出参数：er_out_data——加扰后输出数据；

　　　　　er_out_en——加扰后数据有效信号输出。

（5）维特比译码模块

本案例中的维特比译码模块如图 11-9 所示。

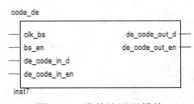

图 11-9　维特比译码模块

功能：对输入的信号进行维特比译码，通过调用 IP 核的方式来实现。配置 IP 核参数时，将 architecture 部分设置为 parallel_optimizations = "None"，勾选 "best state finder"；将 code sets 部分设置为 Mode = V、N = 2、L = 5、GA = 19、GB = 27；将 parameters 部分设置为 traceback = 75、softbits = 1；将 test data 部分设置为 number of bits = 64。

输入参数：clk_bs——工作时钟；

　　　　　　bs_en——位同步信号；

　　　　　　de_code_in_d——卷积编码后信号；

　　　　　　de_code_in_en——译码前数据有效信号输出。

输出参数：de_code_out_d——译码后数据输出；

　　　　　　de_code_out_en——译码后数据有效信号输出。

（6）终端模块

本案例中的终端模块如图 11-10 所示。

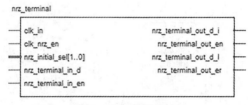

图 11-10　终端模块

功能：编写代码，产生同步信号，并产生本地 NRZ 码。在同步情况下，将输出的经维特比译码后的波形与 NRZ 码进行对比，若输出结果为 1 则说明产生错误，若为 0 则说明无误。

输入参数：clk_in——工作时钟；

　　　　　　clk_nrz_en——位同步信号；

　　　　　　nrz_initial_sel——随机数的初始值；

　　　　　　nrz_terminal_in_d——接收端的数据输入；

　　　　　　nrz_terminal_in_en——接收端的数据有效性输入。

输出参数：nrz_terminal_out_d_i——接收数据时延对齐输出；

　　　　　　nrz_terminal_out_d_l——本地数据输出；

　　　　　　nrz_terminal_out_en——数据有效使能输出。

　　　　　　nrz_terminal_out_er——两者对比，错误为 1；

（7）通信模块

本案例中的通信模块为 IIC 通信模块，如图 11-11 所示。

功能：FPGA 芯片与软件无线电平台开发软件通过此模块通信，用于配置实验参数。

输出参数：重要的输出参数如下。

　　　　　　data_out0：配置加扰模块的误码率，连接加扰模块的 "er_rate"。

　　　　　　data_out1：配置加扰模块的连续错误码数，连接加扰模块的 "er_count"。

data_out3：配置数据输出模块的输出信号，连接数据输出模块的 "dac_data_sel"。

data_out4：配置数据选择模块的输出信号，连接数据选择模块的 "data_sel"。

data_out5：配置数字信号源模块的初始码型，连接数字信号源模块的 "nrz_initial_sel"。

data_out6：配置数字信号源模块的伪随机码长度，连接数字信号源模块的 "nrz_data_len"。

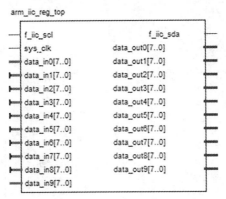

图 11-11　IIC 通信模块

（8）数据选择模块

本案例中的数据选择模块如图 11-12 所示。

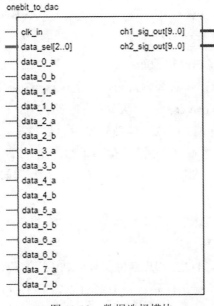

图 11-12　数据选择模块

功能：将输入的 1 bit 信号转换为 10 bit 输出，并通过"data_sel"选择输出"data_0～data_7"中的一个信号。变换方式：输入值为 1，转换成 8'hff；输入值 0，转换成 8'h0，做此变换是为了便于在示波器上进行观察。

输入参数：clk_in——输入的时钟信号；

data_sel——选择信号，从 data_0～data_7 选择信号进行输出；

data_0～data_7——信号输入。

输出参数：ch1_sig_out、ch2_sig_out——转换后的 10 bit 信号输出。

说明：此模块程序已提供，无须大家自主编写。

（9）数据输出模块

本案例中的数据输出模块如图 11-13 所示。

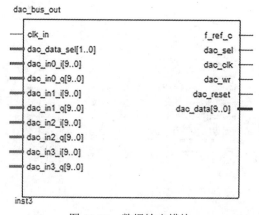

图 11-13　数据输出模块

功能：将 IIC 通信模块选择的并行的两路信号转为符合硬件 DAC 芯片输入格式的串行信号，该信号可通过示波器显示。

输入参数：clk_in——模块控制时钟；

dac_data_sel——选择输入通道（选择转换 dac_inx_i, dac_inx_q）；

dac_in0_i～dac_in3_i——要转换的 I 路信号；

dac_in0_q～dac_in3_q——要转换的 Q 路信号。

输出参数：f_ref_c——工作使能信号，值为 1 即可；

dac_sel——I 路、Q 路有效控制信号，高电平时 I 路有效，低电平时 Q 路有效；

dac_clk——DAC 芯片时钟信号；

dac_wr——写信号；

dac_reset——DAC 芯片复位信号，高电平复位，低电平正常工作；

dac_data——输出信号（一个端口要输出 I、Q 两路信号，故要 dac_sel来控制数据有效性）。

五、实验内容及要点提示

1. FPGA 下载器安装连接。

【操作提示】

将 USB blaster[1] 连接到计算机，在"设备管理器"中选择"Altera USB-Blaster"，更新安装硬件驱动程序。

2. 将文件（.sof 格式）下载到软件无线电平台中，验证卷积码编码和维特比译码实验结果。

【操作提示】

（1）将"fpga_viterbi.qpf"工程文件导入 Quartus 程序，进行 Programmer 编译。

（2）选择"Hardware Setup"，检测硬件是否加载成功，如没有"USB-Blaster[USB-0]"选项，请查看 FPGA 仿真器是否与计算机 USB 接口连接，且仿真器驱动程序是否安装正确。

（3）将"fpga_viterbi.sof"文件通过界面左侧的"Change File"（这里不展示界面截图）功能加载到程序中。

（4）通过界面左侧的"Start"功能，将程序载入平台内的 FPGA 中。载入成功后的界面如图 11-14 所示。

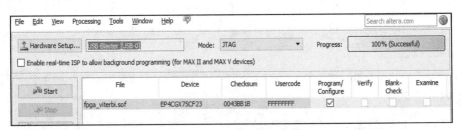

图 11-14　载入成功后的界面

3. 用示波器观察并记录波形。

【操作提示】

（1）在"ConsoleCenter"文件夹中，打开"XSRP-FPGA Config.exe"文件，并打开调试助手，配置本地数据参数。调试配置界面如图 11-15 所示。

（2）按图 11-15 所示参数完成配置后，在弹出的界面中继续设置参数："实验选择"设置为"VB"，在"地址"中设置为"6"，"值"设置为"F0"，"插入错误概率"和"连续错误数量"设置为"0"。设置完成后，在示波器中分别观察不同插入错误概率和不同连续错误数量情况下的本地数据、错误提示、本地数据以及接收数据，验证实验原理。

---

[1] USB blaster，Altera 的 FPGA 程序下载电缆，通过计算机的 USB 接口对 Altera 器件进行配置或编程。

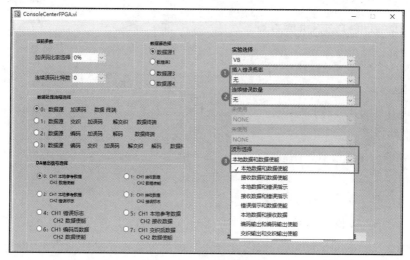

图 11-15　调试配置界面

4．Quartus 程序整体设计（模块连接）。

【操作提示】

（1）在已提供的部分 Quartus 程序的基础上，完成未完成的程序原理图设计。

（2）对所设计的完整程序进行编译，在软件中观察仿真波形。

（3）用示波器对比观察实测波形。

5．核心模块采用 Verilog 代码编写，并进行软、硬件联调。

【操作提示】

（1）在"code_en_top"模块中，完成卷积码编码模块代码编写。卷积码编码模块界面
如图 11-16 所示。

```
timescale ins / ins
%信道编码模块
%功能：实现信道编码功能
%
%
%
module code_en(

        input           clk_bs,          %工作时钟
        input           bs_en,           %位同步信号

        input           en_code_in_d,    %编码前数据输入
        input           en_code_in_en,   %编码前数据有效信号输入
        output    reg    en_code_out_d,   %编码后数据输出
        output    reg    en_code_out_en   %编码后数据有效信号输出

);
```

图 11-16　卷积码编码模块界面

（2）在"add_error_top"模块中，完成加扰模块代码编写。

（3）在"nrz_terminal_top"模块中，完成终端模块代码编写。

（4）编译成功后，对比观察软件仿真波形及实测波形。

六、实验报告要求

1．记录示波器波形。

（1）记录误码率相同时，不同连续错误码数情况下的原码波形、误码提示、维特比译码后波形。

连续错误码数为 1 时：

① 原码波形和误码提示

② 原码波形和译码后波形

连续错误码数为 4 时：

① 原码波形和误码提示

② 原码波形和译码后波形

连续错误码数为 7 时：

① 原码波形和误码提示

② 原码波形和译码后波形

（2）记录相同连续错误码数时，不同误码率情况下的原码波形、误码提示、维特比译码后波形。

误码率为 1/100 时：

① 原码波形和误码

② 原码波形和译码后波形

误码率为 1/32 时：

① 原码波形和误码提示

② 原码波形和译码后波形

误码率为 1/13 时：

① 原码波形和误码提示

② 原码波形和译码后波形

2．仿真程序整体设计。

（1）程序设计结果。

① 总体布局
② 各局部模块程序

（2）记录仿真结果。记录误码率相同时，不同连续错误码数情况下的原码波形、误码提示、维特比译码后波形。

连续误码数为 1 时：

① 原码波形和误码提示

② 原码波形和译码后波形

连续误码数为 4 时：

① 原码波形和误码提示

② 原码波形和译码后波形

连续误码数为 7 时：

① 原码波形和误码提示

② 原码波形和译码后波形

（3）记录相同连续误码数时，不同误码率情况下的原码波形、误码提示、维特比译码后波形。

误码率为 1/100 时：

① 原码波形和误码提示

② 原码波形和译码后波形

误码率为 1/32 时：

① 原码波形和误码提示

② 原码波形和译码后波形

误码率为 1/13 时：

① 原码波形和误码提示

② 原码波形和译码后波形

3．核心模块采用 Verilog 代码编写。

（1）模块编程代码。

① code_en_top

要求：将包含所有输入、输出引脚定义的 code_en_top.v 下的全部程序粘贴在表中（删除不必要的注释）

② add_error_top

要求：将包含所有输入、输出引脚定义的 add_error_top.v 下的全部程序粘贴在表中（删除不必要的注释）

③ nrz_terminal_top

要求：将包含所有输入、输出引脚定义的 nrz_terminal_top.v 下的全部程序粘贴在表中（删除不必要的注释）

（2）记录仿真结果，记录误码率相同时（下面例子为 1/32），不同连续误码数情况下的原码波形、误码提示、维特比译码后波形。

连续错误码数为 1 时：

① 原码波形和误码提示

② 原码波形和译码后波形

连续错误码数为 4 时：

① 原码波形和误码提示

② 原码波形和译码后波形

连续错误码数为 7 时：

① 原码波形和误码提示

② 原码波形和译码后波形

（3）记录相同连续误码数时，不同误码率情况下的原码波形、误码提示、维特比译码后波形。

误码率为 1/100 时：

① 原码波形和误码提示

② 原码波形和译码后波形

误码率为 1/32 时：

① 原码波形和误码提示

② 原码波形和译码后波形

误码率为 1/13 时：

① 原码波形和误码提示

② 原码波形和译码后波形

七、思考题

1．举例说明卷积码编码和维特比译码的用途。

2．卷积编码中两个输出序列 P_1、P_2 中的模 2 运算是如何实现的？

3．维特比译码中的最优路径是如何选定的？

4．在 Quartus 程序中，如果烧录程序时系统提示找不到硬件，该如何处理？

案例 12
基于软件无线电平台的 CDMA 通信系统发射机设计

一、实验目的

① 巩固移动通信的基础理论知识，将理论知识应用到实践中。
② 采用软硬件相结合的方式，构建 CDMA 通信系统发射机并对其进行测试。
③ 掌握通过 LabVIEW 软件和软件无线电平台实现通信系统的方法。
④ 掌握通过 MATLAB 对通信系统进行算法仿真的方法。

二、预习要求

① 阅读实验讲义，了解 CDMA 通信系统发射机原理。
② 根据实验要求，设计 CDMA 通信系统发射机仿真内容。

三、实验器材

硬件平台：软件无线电平台、计算机。
软件平台：软件无线电平台集成开发软件、LabVIEW、MATLAB R2012b 及以上版本。

四、实验原理

基于软件无线电平台的 CDMA 通信系统发射机主要具有三部分功能：第一部分，产生一帧 CDMA 信号；第二部分，将产生的这帧 CDMA 信号通过千兆网口发送给软件无线电平台硬件，软件无线电平台硬件缓存这帧信号，并循环发送；第三部分，控制软件无线电平台硬件射频部分的发射频点、接收频点，以及发射增益、接收增益等。在本案例中，设计产生出 CDMA 信号是重点内容，必须了解第一部分功能中 CDMA 信号产生的原理，并编程实现其中的扩频和加扰等过程。对于第二部分和第三部分内容，大家了解如何通过

LabVIEW 编程调用软件无线电平台硬件的接口即可。

1. 原理框架

本案例中的 CDMA 信号产生遵照 3GPP 定义的宽带码分多址（WCDMA）系统物理层的处理规范，但根据软件无线电平台的硬件资源进行了少量的参数调整及部分简化。CDMA 通信系统发射机的原理框架如图 12-1 所示。

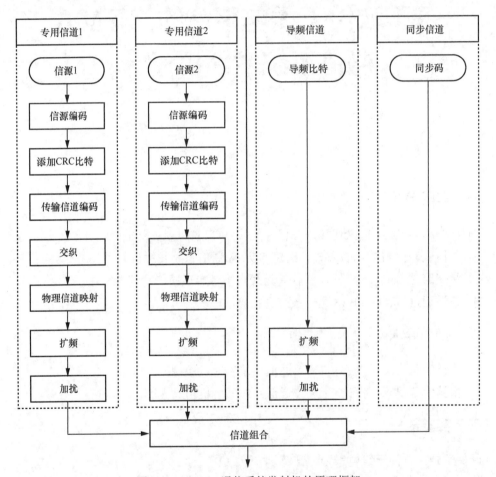

图 12-1　CDMA 通信系统发射机的原理框架

注：CRC，循环冗余检验。

本案例省略了交织和物理信道映射过程。

3GPP 定义的 WCDMA 系统下行专用信道的帧结构如图 12-2 所示。在图 12-2 中，每一帧被分成了 15 个时隙（slot），每个时隙有 2560 个码片，承载的比特除数据比特外，还有用于功率控制、格式检测等的发射功率控制（TPC）、传输格式组合标识符（TFCI）及导频比特等。本案例将承载内容简化为只承载数据比特，即每一帧只有 6 个时隙，每个时隙仍然有 2560 个码片。

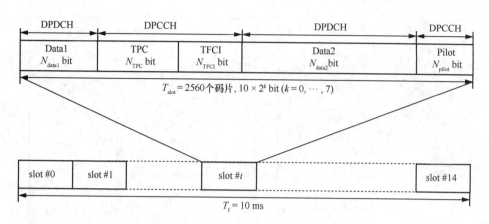

图 12-2　WCDMA 系统下行专用信道的帧结构

2. 实现过程

用 LabVIEW 打开预习时设计好的 CDMA_Tx_Main.vi 程序（或提供的 demo 程序），其框架如图 12-3 所示。

在图 12-3 的（a）配置参数中，上半部分是配置 CDMA 信号的各种参数及输入的信源（发送字符信息），下半部分是配置软件无线电平台硬件的射频参数。

从图 12-3 的（b）信道处理可以看出，这部分包含两个专用信道、一个导频信道和一个同步信道的处理过程，其中，专用信道 1 的处理与图 12-1 中（简化了交织和物理信道映射过程后）专用信道 1 的处理是完全一致的。下面逐个解释"信道处理"部分各模块的原理与实现过程。

（1）信源数据量计算模块

VI（虚拟仪器，余同）名称：CDMA_TxCalDataNum.vi。

VI 图标：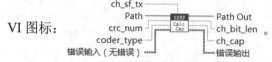 。

VI 功能：根据 CDMA 信号的参数配置，计算一帧 CDMA 信号可以承载的信息量。

VI 输入参数：ch_sf_tx 表示扩频因子，Path 表示路径输入，crc_num 表示 CRC 位数，coder_type 表示编码器类型。

VI 输出参数：Path Out 表示路径输出，ch_bit_len 表示传输比特长度，ch_cap 表示最大字符长度。

VI 位置："\LabviewSubVI\CDMA_TxCalDataNum.vi"。

说明：一帧 CDMA 信号的码片数量是一定的（这里是 $2560 \times 6 = 15360$ 个），扩频因子越大，可以承载的信息量越小（但抗干扰能力越强，因此一些重要的信息，比如信令等用较大的扩频因子来传输）。编码方式和 CRC 比特数量也会影响承载信息量的大小。

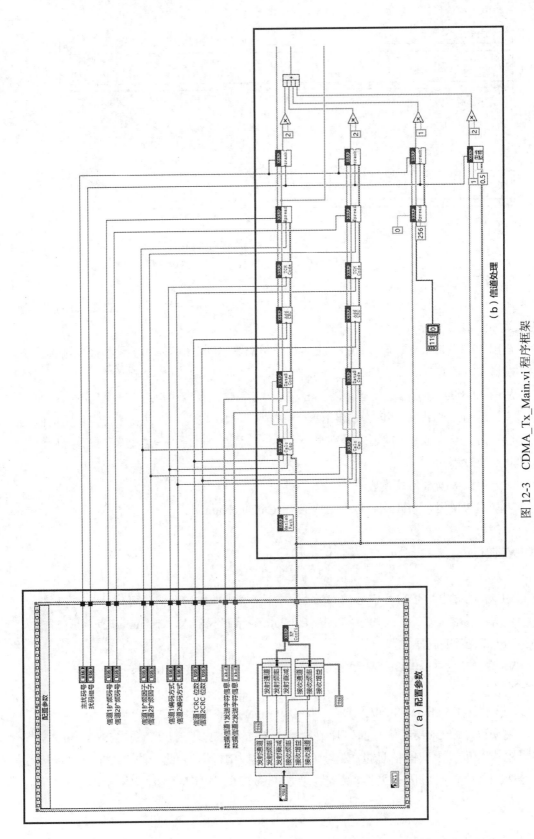

图 12-3　CDMA_Tx_Main.vi 程序框架

（2）信源编码模块

VI 名称：CDMA_TxMsgEncode.vi。

VI 图标：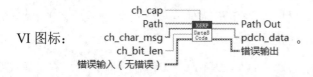

VI 功能：将界面输入的字符按照 ASCII 码编码规则转换为二进制数。

VI 输入参数：ch_cap 表示最大字符长度，Path 表示路径输入，ch_char_msg 表示输入数据，ch_bit_len 表示数据长度。

VI 输出参数：Path Out 表示路径输出，pdch_data 为编码后数据。

VI 位置："\LabviewSubVI\ CDMA_TxMsgEncode.vi"。

说明：为了让接收端知道发送数据的大小（因为要发送的数据不一定恰好填充满一帧数据），真实系统一般通过公共信道广播或以信令形式告知接收方。这里为了简化设计，我们在信源数据的前 16 bit 填入了有效信息的大小。

（3）添加 CRC

VI 名称：CDMA_TxCRCattach.vi。

VI 图标：

VI 功能：在信源编码后的数据后部添加 CRC 比特。

VI 输入参数：　Path 表示路径输入，pdch_data 表示输入待添加 CRC 比特的数据，crc_num 表示 CRC 位数。

VI 输出参数：Path Out 表示路径输出，attach_crc_data 表示输出带 CRC 比特的数据。

VI 位置："\LabviewSubVI\CDMA_TxCRCattach.vi"。

说明：CRC 比特添加在信源编码后的数据后方。接收端将接收到的传输块数据再次进行 CRC 编码，将编码得到的 CRC 比特与接收的 CRC 比特进行比较。如果不一致，则接收端认为接收到的传输块数据是错误的。

发送方发送的数据在传输过程中受到信号干扰，可能会出现错误的码，造成的结果是接收方不清楚接收到的数据是否就是发送方所发送的数据，所以就有了 CRC 码。CRC 码是数据通信领域中最常用的一种差错检测码。

CRC 利用线性编码理论，在发送端根据需要传送的 k bit 二进制码序列，以一定的规则产生一个检测用的监督码（即 CRC 码）r bit，并附在信息后面，构成一个新的二进制码序列（共有 $k + r$ bit），最后发送出去。在接收端，则根据信息码和 CRC 码之间所遵循的规则进行检测，以确定传送中是否出错。

CRC 比特越长，则接收端差错检测的遗漏概率越低。CRC 比特可利用式（12-1）～式（12-4）的循环多项式产生。

$$g_{CRC24}(D) = D^{24} + D^{23} + D^6 + D^5 + D + 1 \tag{12-1}$$

$$g_{CRC16}(D) = D^{16} + D^{12} + D^5 + 1 \tag{12-2}$$

$$g_{CRC12}(D) = D^{12} + D^{11} + D^3 + D^2 + D + 1 \tag{12-3}$$

$$g_{CRC8}(D) = D^8 + D^7 + D^4 + D^3 + D + 1 \tag{12-4}$$

带有 CRC 码的输入和输出的关系为：传输块数据顺序不变，CRC 比特倒序后添加到传输块数据的后面。下面以 8 位 CRC 线性反馈移位寄存器实现（简称 8 位 CRC 寄存器）为例进行说明，如图 12-4 所示，其中 Z 表示移位寄存器。

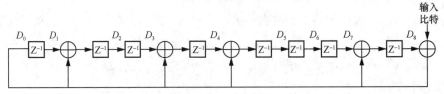

图 12-4　8 位 CRC 线性反馈移位寄存器实现

其中，D_8 为 CRC 码的第 8 位，依次类推可得

$$D_8 = D_7 \mid (D_8 \mid 输入比特)$$
$$D_7 = D_6$$
$$D_6 = D_5$$
$$D_5 = D_4 \mid (D_8 \mid 输入比特)$$
$$\vdots$$
$$D_0 = D_8 \mid 输入比特$$

（4）传输信道编码

VI 名称：CDMA_TxTrchCoder.vi。

VI 图标：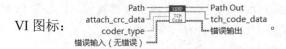。

VI 功能：将前序处理的数据进行传输信道编码。

VI 输入参数：Path 表示路径输入，attach_crc_data 表示输入待编码的数据，coder_type 表示编码器类型。

VI 输出参数：Path Out 表示路径输出，tch_code_data 表示输出经过信道编码的数据。

VI 位置："\LabviewSubVI\CDMA_TxTrchCoder.vi"。

说明：信道编码是为了使接收端能够检测和纠正信号干扰带来的误码。

用 K_i 表示被编码码块的大小，用 Y_i 表示编码后码块的大小，K 表示编码器的约束长度，G 表示编码比特的生成多项式，则 WCDMA 系统中使用的信道编码方式如表 12-1 所示。

表 12-1　WCDMA 系统中使用的信道编码方式

编码方式	定义	输入–输出关系	最大码块大小/bit
1/2 卷积码	$K=9,\ G_0=561,\ G_1=753$	$Y_i=2(K_i+8)$	504
1/3 卷积码	$K=9,\ G_0=557,\ G_1=663,\ G_2=711$	$Y_i=3(K_i+8)$	504
Turbo 码	并行 $K=4$ 半速 RSC 码	$Y_i=3K_i+12$	5114
不编码	—	$Y_i=K_i$	—

注：RSC，递规系统卷积码。

（5）扩频

VI 名称：CDMA_TxSpreading.vi。

VI 图标：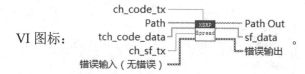。

VI 功能：将信道编码后的数据进行扩频。

VI 输入参数：ch_code_tx 表示扩频码号，Path 表示路径输入，tch_code_data 表示输入待扩频的数据，ch_sf_tx 表示取值范围。

VI 输出参数：Path Out 表示路径输出，sf_data 为输出经过扩频的复数数据。

VI 位置："\LabviewSubVI\CDMA_TxSpreading.vi"。

说明：WCDMA 系统是一种码分多址通信系统。码分多址是一种利用扩频技术实现码序列实现的多址方式。它不像频分多址（FDMA）、时分多址（TDMA）那样把用户的信息从频率和时间上进行分离，而是在一个信道上同时传输多个用户的信息，其关键是信息在传输前要先进行特殊的编码，以使编码过的信息混合后不会丢失原来的信息。有多少个互为正交的码序列，就可以有多少个用户同时在一个载波上通信。每台发射机都有自己唯一的代码（扩频码），同时接收机也知道要接收的代码。用这个代码作为信号的滤波器，接收机就能将接收的信号恢复成原来的信息（解扩）。

扩频码序列的产生方法如式（12-5）～式（12-7）所示。

$$C_{\mathrm{ch},1,0}=1 \tag{12-5}$$

$$\begin{bmatrix} C_{\mathrm{ch},2,0} \\ C_{\mathrm{ch},2,1} \end{bmatrix} = \begin{bmatrix} C_{\mathrm{ch},1,0} & -C_{\mathrm{ch},1,0} \\ C_{\mathrm{ch},1,0} & -C_{\mathrm{ch},1,0} \end{bmatrix} = \begin{bmatrix} 1 & 1 \\ 1 & -1 \end{bmatrix} \tag{12-6}$$

$$\begin{bmatrix} C_{ch,\,2^{(n+1)},\,0} \\ C_{ch,\,2^{(n+1)},\,1} \\ C_{ch,\,2^{(n+1)},\,2} \\ C_{ch,\,2^{(n+1)},\,3} \\ \vdots \\ C_{ch,\,2^{(n+1)},\,2^{(n+1)}-2} \\ C_{ch,\,2^{(n+1)}0,\,2^{(n+1)}-1} \end{bmatrix} = \begin{bmatrix} C_{ch,\,2^{n},\,0} & C_{ch,\,2^{n},\,0} \\ C_{ch,\,2^{n},\,0} & -C_{ch,\,2^{n},\,0} \\ C_{ch,\,2^{n},\,1} & C_{ch,\,2^{n},\,0} \\ C_{ch,\,2^{n},\,1} & -C_{ch,\,2^{n},\,1} \\ \vdots & \vdots \\ C_{ch,\,2^{n},\,2^{n}-1} & C_{ch,\,2^{n},\,2^{n}-1} \\ C_{ch,\,2^{n},\,2^{n}-1} & -C_{ch,\,2^{n},\,2^{n}-1} \end{bmatrix} \tag{12-7}$$

（6）加扰

VI 名称：CDMA_TxScrambling.vi。

VI 图标：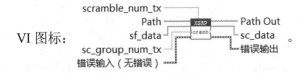。

VI 功能：将扩频后的数据进行加扰。

VI 输入参数：scramble_num_tx 表示扰码号，Path 表示路径输入，sf_data 表示输入待加扰的数据，sc_group_num_tx 表示扰码组号。

VI 输出参数：Path Out 表示路径输出，sc_data 表示输出经过加扰的数据。

VI 位置："\LabviewSubVI\CDMA_TxScrambling.vi"。

说明：WCDMA 系统采用 Gold 序列作为扰码。Gold 序列由两个互为优选对的 m 序列相加构成，Gold 序列具有以下特性。

① Gold 序列具有三值自相关特性，其旁瓣的极大值满足优选对条件。

② 两个 m 序列优选对不同移位相加产生的新序列都是 Gold 序列。对于 n 阶 m 序列，总共有$(2^n - 1)$个不同的相对位移，加上原来的两个 m 序列本身，可以产生$(2^n + 1)$个不同的 Gold 序列。由此可知，使用相同级数的移位寄存器，可以产生的 Gold 序列数比 m 序列数多得多。

③ 同类 Gold 序列互相关性满足优选对条件，其旁瓣的极大值不超过该 m 序列的互相关函数的最大值。

④ Gold 序列的自相关性不如 m 序列，但互相关性比 m 序列好。

在 WCDMA 系统中，扰码用于区分不同信源（也就是不同的基站和手机），OVSF 码用于区分来自同一信源的传输编码。

复扰码序列 Zn 由两个实数序列 x 和 y 相加得到，每个实数序列由两个 18 位的多项式产生。对这些序列按位进行模 2 相加，即可得到 Gold 序列。

在本案例中，x 序列的本原多项式可以表示为$1+X_7+X_{18}$，初值为 $x(0)=1$，$x(1) = x(2) = \cdots = x(16) = x(17) = 0$，其后序列的递归可被定义为 $x(i+18) = x(i+7) +$

$x(i) \bmod 2, \ i = 0, \cdots, 2^{18} - 2$。

y 序列的本原多项式为 $1 + X_5 + X_7 + X_{10} + X_{18}$，则对应的初值可记为 $y(0) = y(1) = \cdots = y(16) = y(17) = 1$，其后序列的递归可定义为

$$y(i+18) = y(i+10) + y(i+7) + y(i+5) + y(i) \bmod 2, \ i = 0, \cdots, 2^{18} - 2 \quad （12-8）$$

第 n 个 Gold 序列 Zn，可定义为

$$Z_n(i) = x\left[(i+n) \bmod (2^{18} - 1)\right] + y(i) \bmod 2, \ n = 0, \cdots, 2^{18} - 2 \quad （12-9）$$

这些二进制序列通过式（12-10）变换转化为实数序列 Z_n。

$$Z_n(i) = \begin{cases} +1, & z_n(i) = 0 \\ -1, & z_n(i) = 1 \end{cases} \quad （12-10）$$

第 n 个复数扰码序列可被定义为

$$Sdl, n(i) = Z_n(i) + jZ_n\left[(i+131072) \bmod (2^{18} - 1)\right], \ i = 0, 1, \cdots, 2^{18} - 2 \quad （12-11）$$

下行链路扰码序列的长度为 38400 码片，一共有 $2^{18} - 1 = 262143$ 个扰码序列（其序号按 0～262142 顺序排列），但系统只使用部分扰码序列。这些扰码序列被分成 512 个集合，每个集合包括 1 个主扰码序列和 15 个辅扰码序列。主扰码序列的序号为 $n = 16i'$，其中 $i' = 0, 1, \cdots, 511$。第 i' 个辅扰码集合中的扰码序列的序号为 $n = 16i' + k$，其中 $k = 1, 2, \cdots, 15$。每个集合的主扰码序列 n，它和其中 15 个辅扰码所包含的第 j 个序列是一一对应的，即第 n 个主扰码对应于第 i 个辅扰码集合。这样，实际系统使用扰码序列的序号限定为 $k' = 0, 1, \cdots, 8191$。主扰码集合被分成 64 个扰码组，每个扰码组包括 8 个主扰码序列。第 j 个扰码序列组内扰码序列的序号为 $(16 \times 8j + 16k')$，其中 $j = 0, 1, \cdots, 63$；$k' = 0, 1, \cdots, 7$。

本案例中的扰码选用主扰码。因为每帧码片只有 15360 个，所以本案例中的扰码只取主扰码的前 15360 个码片。

导频信道程序框架如图 12-5 所示。

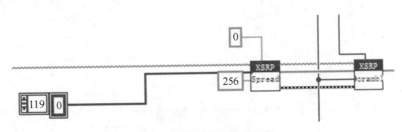

图 12-5　导频信道程序框架

公共导频信道（CPICH）不是编码信道，它的功能是在 UE 端辅助 UE 对专用信道进行信道估计。CPICH 具有固定的比特速率 30 kbit/s，扩频因子固定为 256。

以标准的 WCDMA 系统中的一帧共有 38400（即 2560×15）个码片计算，CPICH 的比特数为 $38400 / 256 \times 2 = 300$。而本案例中一帧只有 15360 个码片，因此 CPICH 的比特数为 $15360 / 256 \times 2 = 120$。导频信道的调制信号固定为 $(1 + i)$，对应的比特为 $(0, 0)$，因此 CPICH 的输入数据为 0，其中 0 的个数在 $0 \sim 119$ 之间。

按照协议规定，CPICH 采用固定扩频码序列 $C_{ch, 256, 0}$，可知扩频模块的输入参数——扩频因子为 256，扩频码号为 0。

（7）同步信道

同步信道程序框架如图 12-6 所示。

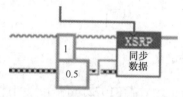

图 12-6　同步信道程序框架

为了简化手机的设计，WCDMA 系统在下行链路上专门设计了同步信道部分，在同步信道中发射同步码。

主同步码记作 C_{psc}，称为总分层格雷码序列，具有很好的非周期自相关性。系统内所有小区的主同步码都是相同的。通过主同步码，UE 可以检测到小区的存在，并通过相关运算产生相关峰，找到到达 UE 的每个小区的时隙开始时间，并与信号最强的小区进行时隙同步。

辅同步码和小区所属的扰码组一一对应，并以帧长为周期重复发送。UE 不仅可以利用辅同步码来识别小区使用了哪个扰码的码组，还可以实现帧同步。

在下行链路中，同步信道不需要进行扩频与加扰，而是直接对同步码进行 QPSK 调制。同步信道原理如图 12-7 所示，其中，ac_p 表示自动信道保护，ac_s 表示自动信道选择。

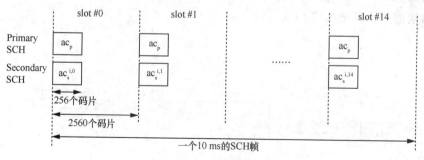

图 12-7　同步信道原理

　　基站只在时隙的前 256 个码片传送 Primary SCH（主同步信道）和 Secondary SCH（辅同步信道）突发序列，在时隙的其余码片不发送任何信号。

　　① 主同步码的产生

　　主同步码通过重复采用格雷互补序列调制的序列而获得，它是一个实部和虚部分离的复值序列，其定义为

$$C_{\text{psc}} = (1 + j) \times < a, a, a, -a, -a, a, -a, -a, a, a, a, -a, a, -a, a, a > \quad (12\text{-}12)$$

其中，$a = <x_1, x_2, x_3, \cdots, x_{16}> = <1, 1, 1, 1, 1, 1, -1, -1, 1, -1, 1, -1, 1, -1, -1, 1>$。

　　② 辅同步码的产生

　　16 个辅同步码 $\{C_{\text{ssc}}, 1, \cdots, C_{\text{ssc}}, 16\}$ 是实部和虚部相同的复数值序列，它由一个哈达玛（Hadamard）序列和 z 序列按位模 2 相加得到。z 序列的定义为

$$z = < b, b, b, -b, b, b, -b, -b, b, -b, b, -b, -b, -b, -b, -b > \quad (12\text{-}13)$$

其中，$b = <x_1, x_2, x_3, x_4, x_5, x_6, x_7, x_8, -x_9, -x_{10}, -x_{11}, -x_{12}, -x_{13}, -x_{14}, -x_{15}, -x_{16}>$，$<x_1, x_2, x_3, \cdots, x_{16}> = <1, 1, 1, 1, 1, 1, -1, -1, 1, -1, 1, -1, 1, -1, -1, 1>$。

　　Hadamard 矩阵的定义为

$$H_0 = (1)$$
$$H_k = \begin{pmatrix} H_{k-1} & H_{k-1} \\ H_{k-1} & -H_{k-1} \end{pmatrix}, \ k \geqslant 1 \quad (12\text{-}14)$$

　　Hadamard 序列取自矩阵 H_8，从矩阵 H_8 的首行自上向下进行编号，起始序号为 0。序号为 n 的 Hadamard 序列记作 hn。H_8 共有 256 行，因此 n 的取值范围为 0～255。从矩阵 H_8 的第 0 行开始，每隔 16 行选择一个 Hadamard 序列，将其记为 hm，因此 hm 共包括序号 $m = \{0,16,32,48,64,80,96,112,128,144,160,176,192,208,224,240\}$ 的 16 个 Hadamard 序列。

　　第 k 个辅同步码为

$$C_{\text{ssc}}, k = (1 + j) \times < hm(0) \times z(0), hm(1) \times z(1), hm(2) \times z(2), \cdots, hm(255) \times z(255) > \quad (12\text{-}15)$$

　　下面简述同步码的分配过程。

　　整个 WCDMA 系统采用同一个主同步码。辅同步码共有 16 个，通过排列组合，每 16 个编成一组，总共合成 64 个不同的码序列组，与下行链路主扰码的 64 个扰码组一一对应。由此可以推断出小区选用辅同步码的步骤：首先，找到本小区的主扰码所属的扰码组，这意味着可以找到对应的辅同步码序列；其次，每一个时隙对应一个辅扰码组号，根据该辅扰码组号找到计算同步信道的同步码。辅同步码的分配如表 12-2 所示，本案例只选了前 6 个时隙。

表 12-2　辅同步码的分配

扰码组	时隙号														
	#0	#1	#2	#3	#4	#5	#6	#7	#8	#9	#10	#11	#12	#13	#14
Group 0	1	1	2	8	9	10	15	8	10	16	2	7	15	7	16
Group 1	1	1	5	16	7	3	14	16	3	10	5	12	14	12	10
Group 2	1	2	1	15	5	5	12	16	6	11	2	16	11	15	12
Group 3	1	2	3	1	8	6	5	2	5	8	4	4	6	3	7
Group 4	1	2	16	6	6	11	15	5	12	1	15	12	16	11	2
Group 5	1	3	4	7	4	1	5	5	3	6	2	8	7	6	8
Group 6	1	4	11	3	4	10	9	2	11	2	10	12	12	9	3
Group 7	1	5	6	6	14	9	10	2	13	9	2	5	14	1	13
Group 8	1	6	10	10	4	11	7	13	16	11	13	6	4	1	16
Group 9	1	6	13	2	14	2	6	5	5	13	10	9	1	14	10
Group 10	1	7	8	5	7	2	4	3	8	3	2	6	6	4	5
Group 11	1	7	10	9	16	7	9	15	1	8	16	8	15	2	2
Group 12	1	8	12	9	9	4	13	16	5	1	13	5	12	4	8
Group 13	1	8	14	10	14	1	15	15	8	5	11	4	10	5	4
Group 14	1	9	2	15	15	16	10	7	8	1	10	8	2	16	9
Group 15	1	9	15	6	16	2	13	14	10	11	7	4	5	12	3
Group 16	1	10	9	11	15	7	6	4	16	5	2	12	13	3	14
Group 17	1	11	14	4	13	2	9	10	12	16	8	5	3	15	6
Group 18	1	12	12	13	14	7	2	8	14	2	1	13	11	8	11
Group 19	1	12	15	5	4	14	3	16	7	8	6	2	10	11	13
Group 20	1	15	4	3	7	6	10	13	12	5	14	16	8	2	11
Group 21	1	16	3	12	11	9	13	5	8	2	14	7	4	10	15
Group 22	2	2	5	10	16	11	3	10	11	8	5	13	3	13	8
Group 23	2	2	12	3	15	5	8	3	5	14	12	9	8	9	14
Group 24	2	3	6	16	12	16	3	13	13	6	7	9	2	12	7
Group 25	2	3	8	2	9	15	14	3	14	9	5	5	15	8	12
Group 26	2	4	7	9	5	4	9	11	2	14	5	14	11	16	16
Group 27	2	4	13	12	12	7	15	10	5	2	15	5	13	7	4
Group 28	2	5	9	9	3	12	8	14	15	12	14	5	3	2	15
Group 29	2	5	11	7	2	11	9	4	16	7	16	9	14	14	4
Group 30	2	6	2	13	3	3	12	9	7	16	6	9	16	13	12
Group 31	2	6	9	7	7	16	13	3	12	2	13	12	9	16	6

扰码组	时隙号													
	#0	#1	#2	#3	#4	#5	#6	#7	#8	#9	#10	#11	#12	#13	#14
Group 32	2	7	12	15	2	12	4	10	13	15	13	4	5	5	10
Group 33	2	7	14	16	5	9	2	9	16	11	11	5	7	4	14
Group 34	2	8	5	12	5	2	14	14	8	15	3	9	12	15	9
Group 35	2	9	13	4	2	13	8	11	6	4	6	8	15	15	11
Group 36	2	10	3	2	13	16	8	10	8	13	11	11	16	3	5
Group 37	2	11	15	3	11	6	14	10	15	10	6	7	7	14	3
Group 38	2	16	4	5	16	14	7	11	4	11	14	9	9	7	5
Group 39	3	3	4	6	11	12	13	6	12	14	4	5	13	5	14
Group 40	3	3	6	5	16	9	15	5	9	10	6	4	15	4	10
Group 41	3	4	5	14	4	6	12	13	5	13	6	11	11	12	14
Group 42	3	4	9	16	10	4	16	15	3	5	10	5	15	6	6
Group 43	3	4	16	10	5	10	4	9	9	16	15	6	3	5	15
Group 44	3	5	12	11	14	5	11	13	3	6	14	6	13	4	4
Group 45	3	6	4	10	6	5	9	15	4	15	5	16	16	9	10
Group 46	3	7	8	8	16	11	12	4	15	11	4	7	16	3	15
Group 47	3	7	16	11	4	15	3	15	11	12	12	4	7	8	16
Group 48	3	8	7	15	4	8	15	12	3	16	4	16	12	11	11
Group 49	3	8	15	4	16	4	8	7	7	15	12	11	3	16	12
Group 50	3	10	10	15	16	5	4	6	16	4	3	15	9	6	9
Group 51	3	13	11	5	4	12	4	11	9	6	5	3	14	13	12
Group 52	3	14	7	9	14	10	13	9	7	8	10	4	4	13	9
Group 53	5	5	8	14	16	13	6	14	13	7	8	15	6	15	7
Group 54	5	6	11	7	10	8	5	8	7	12	12	10	6	9	11
Group 55	5	6	13	8	13	5	7	7	6	16	14	15	8	16	15
Group 56	5	7	9	10	7	11	6	12	9	12	11	8	8	6	10
Group 57	5	9	6	8	10	9	8	12	5	11	10	11	12	7	7
Group 58	5	10	10	12	8	11	9	7	8	9	5	12	6	7	6
Group 59	5	10	12	6	5	12	8	9	7	6	7	8	11	11	9
Group 60	5	13	15	15	14	8	6	7	16	8	7	13	14	5	16
Group 61	9	10	13	10	11	15	15	9	16	12	14	13	16	14	11
Group 62	9	11	12	15	12	9	13	13	11	14	10	16	15	14	16
Group 63	9	12	10	15	13	14	9	14	15	11	11	13	12	16	10

五、实验内容及要点提示

1．CDMA 通信系统发射机软件设计。

【操作提示】

根据系统提供的 demo 程序，用 LabVIEW 软件设计 CDMA 通信系统发射机程序。请注意，所有的程序代码都要保存在非中文路径下。

2．观测 CDMA 通信系统发射机实验数据。

【操作提示】

（1）运行设计好的"CDMA_Tx_Main.vi"程序（或所提供的 demo 程序），观测实验数据。

（2）在设计好的 LabVIEW 前面板中，录入计算机及软件无线电平台的 IP 地址。

（3）计算机及软件无线电平台的 IP 地址在实验室组建局域网后都将不相同，这里需录入实际 IP 地址。CDMA 通信系统发射机设计主界面参数设置如图 12-8 所示。

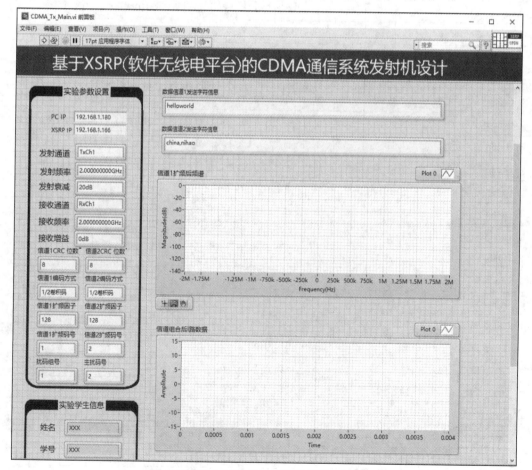

图 12-8　CDMA 通信系统发射机设计主界面

参数的设置原则如下。

① 发射频率与接收频率设置为完全一致。

② 如果信号功率过大，可以增大发射衰减。如果信号功率过小，可以减小发射衰减或增大接收增益。增大接收增益也会增加接收端收到的噪声，因此建议优先减小发射衰减。

③ 两个信道扩频码的设置不能相同，也不能选用 OVSF 码树中的同一分支，因为这样会使两个信道的扩频码失去正交性，导致相互干扰。

④ 基于上面的原则，导频信道使用了 $C_{ch, 256, 0}$ 的扩频码，因此两个信道的扩频码号均不能设为 0。

（4）程序运行后的结果如图 12-9 所示。

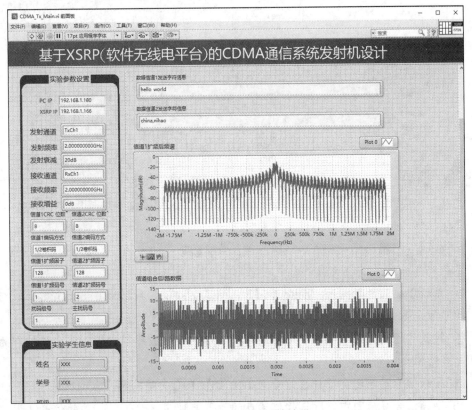

图 12-9　程序运行后的结果

3．调试工具的使用。

【操作提示】

（1）运行调试工具 CDMA_RX.exe，检验发射信号是否正确（该工具占用资源较大，需要耐心等待几分钟）。

（2）将接收端的参数配置成与发送端一致的参数，单击调试工具的"Start"按钮，等待程序运行。正确的运行结果如图 12-10 所示。

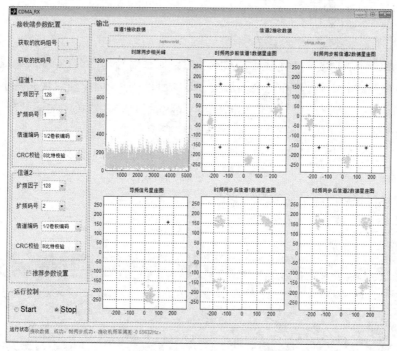

图 12-10　运行结果（1）

 注意

① 运行完后要单击 "Stop" 按钮停止运行，否则该程序会一直占用网口资源，让其他程序（包括 demo 程序）无法使用该网口。

② 接收端利用同步码相关和扰码相关，获取的扰码组号为 1、扰码号为 2，与发射端的参数配置一致。

③ 信道 1 接收的数据为 "hello world"，信道 2 接收的数据为 "china,nihao"，与发射端的参数输入一致。

④ 接收端通过主同步码相关运算获得的时隙同步相关峰很尖锐，最大值处即为时隙的起始时刻。

⑤ 导频信号星座图实际接收信号点（用蓝色[1]表示）很密集，表明接收质量较好。

⑥ 导频信号星座图中实际接收信号点的位置与理想信号（1＋i）的位置（用红色表示）有一定的角度偏差，这是因为接收机和发射机存在相位偏差。

⑦ 基于上述原因，时频同步前信道 1 数据星座图中实际接收信号点（用蓝色表示）与理想信号（±1±i）的位置存在同样的角度偏差。

⑧ 时频同步后信道 1 数据星座图实际信号的位置与理想信号位置一致，这是因为接收端利用已知导频信号的相位偏差纠正了信道 1 数据的相位偏差。

---

[1] 为了更好地让读者复现本书实验，本书保留了蓝色、红色的表述。又因本书采用单色印刷，所以蓝色对应浅灰色，红色对应深灰色。

上述结果是在发射端和接收端使用同一台设备（即同一频率源），且频率设置完全一致的情况下获取的，此时发射端和接收端之间只存在固定的相位差，而不存在频率差。如果发射端和接收端使用不同的频率源或将两者的频率设置略有偏差，得到的星座图如图 12-11 所示。产生这种情况的原因请在思考题中分析。

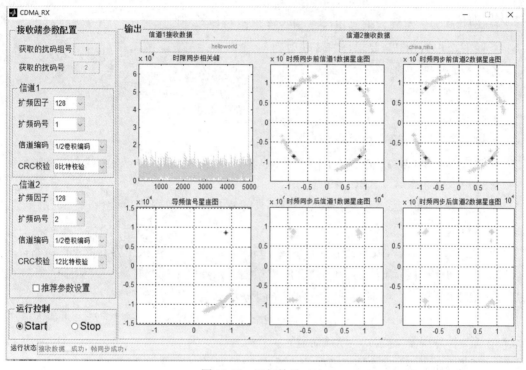

图 12-11　运行结果（2）

4. 更改 CDMA 发射机参数。

【操作提示】

（1）更改发射通道和接收通道，发射通道可配置为 TxCh1、TxCh2，接收通道可配置为 RxCh1、RxCh2。配置完成后运行，查看信道 1 和信道 2 发送字符信息、信道 1 扩频后频谱、信道组合后 I 路信号，分析产生这种实验现象的原因。

（2）更改发射频率和接收频率，配置完成后运行。查看信道 1 和信道 2 发送字符信息、信道 1 扩频后频谱、信道组合后 I 路信号，分析产生这种实验现象的原因。

（3）更改发射衰减和接收增益，配置完成后单击运行，查看信道 1 和信道 2 发送字符信息、信道 1 扩频后频谱、信道组合后 I 路信号，分析产生这种实验现象的原因。

（4）更改天线方向，配置完成后运行。查看信道 1 和信道 2 发送字符信息，信道 1 扩频后频谱、信道组合后 I 路信号，分析产生这种实验现象的原因。

（5）分别更改信道 1、信道 2 的 CRC 比特数、编码方式、扩频因子、扩频码号，以及扰码组号和主扰码号，配置完成后运行。查看信道 1 和信道 2 发送字符信息、信道 1

扩频后频谱、信道组合后 I 路数据，分析产生这种实验现象的原因。

5．编写模块代码。

【操作提示】

（1）完成扩频模块函数的编写，将信道编码后的数据进行扩频。具体实现的功能如下。

- 串/并转换，将输入信号串/并转换为 I 路和 Q 路信号。
- 映射，根据 3GPP 要求，将 0 映射为 1、1 映射为 –1。
- 生成 OVSF 码。
- 分别对 I 路和 Q 路信号进行扩频。
- 将 I 路和 Q 路信号合成复数。

扩频函数 CDMA_TxSpreading 的说明如下。

函数定义：function [out_data] = CDMA_TxSpreading(input_data, sf, ovsf_No)。

文件位置："\MATLABCode\CDMA_TxSpreading"。

输出参数：out_data 表示输出数据，数据长度为 15360。数据类型为（±1±i）的复数。

输入参数：

input_data 表示输入数据，数据长度为 $15360 \times 2 / SF$。数据类型为 0 或 1 的实数；

SF 表示扩频因子，信道 1 和信道 2 的扩频因子由界面中的"信道 1 扩频因子"和"信道 2 扩频因子"输入，导频信道的扩频因子固定为 256；

ovsf_No 表示扩频码号，信道 1 和信道 2 的扩频因子由界面中的"信道 1 扩频码号"和"信道 2 扩频码号"输入，导频信道的扩频码号固定为 0。

（2）完成加扰模块函数的编写，将扩频后的数据进行加扰。具体实现的功能如下。

- 参考加扰模块原理，生成扰码（只取前 15360 个码片）。
- 用生成的扰码对输入数据进行加扰。

加扰函数 CDMA_TxScrambling 的说明如下。

函数定义：function out_data = CDMA_TxScrambling(input_data, group_num, scramble_num)。

文件位置：".\MATLABCode\CDMA_TxScrambling"。

输出参数：out_data 表示输出数据，数据长度为 15360。数据类型为（±1±i）的复数。

输入参数：input_data 表示输入数据，数据长度为 15360。数据类型为（±1±i）的复数。

group_num 表示扰码组号，由界面中的"扰码组号"输入。

scramble_num 表示主扰码号，由界面中的"主扰码号"输入。

（3）完成生成同步信道模块函数的编写。具体实现的功能如下。

- 生成主同步码。
- 生成辅同步码。

组帧的规则如下。

一帧共 6 个时隙，每个时隙有 2560 个码片，同步码只填充每个时隙的前 256 个码片。每个时隙的主同步码相同，辅同步码根据表 12-2 进行分配，例如系统选取的扰码组号为 1，则按照该表的第一行 Group 0（因为 MATLAB 的数组序号从 1 开始，因此界面输入的扰码组号 1 对应 3GPP 定义的 Group 0）分配，也就是时隙 1 的前 256 bit 使用辅同步码 1，时隙 2 的前 256 bit 使用辅同步码 1，依次类推。

生成同步信道函数 CDMA_TxSCH 的说明如下。

函数定义：function [out_data] = CDMA_TxSCH(Gp, Gs, group_num)。

文件位置：".\MATLABCode\CDMA_TxSCH"。

输出参数：out_data 表示输出数据，数据长度为 15360。数据类型为复数。

输入参数：Gp 表示主同步信道增益，本案例中在 LabVIEW 代码中给出数值 1；

Gs 表示辅同步信道增益，本案例中在 LabVIEW 代码中给出数值 0.5；

group_num 表示扰码组号，即辅扰码号，由界面中的"扰码组号"输入。

6．软、硬件联调。

【操作提示】

（1）将完成的函数对应的 .p 文件名后增加数字 1，例如完成的是扩频函数，对应 CDMA_TxSpreading.p 文件，将该文件重命名为 CDMA_TxSpreading1.p，如图 12-12 所示。

图 12-12　文件重命名示意

（2）将自主完成的 CDMA_TxSpreading.m 文件放入 MATLABCode 文件夹。

（3）依次完成加扰函数 CDMA_TxScrambling.m、生成同步信道函数 CDMA_TxSCH.m 的程序编写。

（4）完成上述操作后，重新运行"CDMA_Tx_Main.vi"文件，执行功能验证操作，验证程序是否正确，并观察替换上述两个文件后，实验现象是否和替换之前的实验现象一致。

六、实验报告要求

1. 记录 CDMA 通信系统发射机信道 1 扩频后的频谱波形。

2. 记录信道组合后的 I 路数据波形。

3. 记录 CDMA 通信系统发射机信道 2 扩频后的频谱波形及 Q 路数据波形（选做）。

4. 运行调试工具 CDMA_RX.exe，记录时隙同步相关峰，以及时频同步前后，信道 1 数据星座图、信道 2 数据星座图和导频信号星座图。

5. 更改参数配置，观测上述数据波形的变化。

6. 独立完成扩频、加扰、同步信道模块函数的代码编写，并进行实测。

七、思考题

1. 如果发射端和接收端使用不同的频率源或二者的频率设置得略有偏差，那么得到的星座图将不同，分析其产生的原因。

2. 简要分析主程序中，每一个 VI 模块在发射端系统中所起的作用。

案例 13

基于软件无线电平台的 CDMA
通信系统接收机设计

一、实验目的

① 巩固移动通信的基础理论知识，将理论知识应用到实践中。

② 通过软、硬件结合的方式，构建 CDMA 通信系统接收机并对其进行测试。

③ 掌握通过 LabVIEW 软件和软件无线电平台实现通信系统的方法。

④ 掌握通过 MATLAB 对通信系统进行算法仿真的方法。

二、预习要求

① 阅读实验讲义，了解 CDMA 通信系统接收机原理。

② 根据实验要求，设计 CDMA 通信系统接收机仿真内容。

三、实验器材

硬件平台：软件无线电平台、计算机。

软件平台：软件无线电平台集成开发软件、LabVIEW、MATLAB R2012b 及以上版本。

四、实验原理

CDMA 通信系统接收机用于接收发射机发送的信号，与发射机一起进行联调完成收发过程。

1. 原理框架

本案例中的 CDMA 信号产生遵照 3GPP 定义的 WCDMA 系统物理层的处理规范，但根据软件无线电平台的硬件资源进行了少量的参数调整及部分简化。

CDMA 接收机的原理是图 12-1 所示发射机原理的逆过程，这里不再赘述。

本案例省略了交织和物理信道映射过程。

3GPP 定义的 WCDMA 系统下行专用信道的帧结构如图 12-2 所示。WCDMA 下行专用信道的帧接收过程如图 13-1 所示，本案例省略了信道映射和解交织的过程。

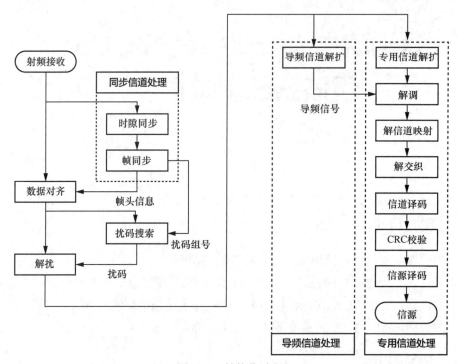

图 13-1　帧接收过程

2. 实现过程

用 LabVIEW 打开预习时设计好的 CDMA_Rx_Main.vi 程序（或提供的 demo 程序），其框架如图 13-2 所示。可以看出，图 13-2 包括配置参数和信道处理两部分。"配置参数"上半部分是配置 CDMA 信号的各种参数，下半部分是配置软件无线电硬件平台的射频参数。下面逐个解释"信道处理"部分各模块的原理与实现过程。

（1）获取 MATLAB 代码路径模块

VI 名称：GetMATLABCodePath.vi。

VI 图标：　　　　　　　　　　。

VI 功能：获取 MATLABCode 文件夹所在的路径。

VI 输入参数：无。

VI 输出参数：MATLABCodePath（MATLAB 代码路径）。

VI 位置："\LabviewSubVI\GetMATLABCodePath.vi"。

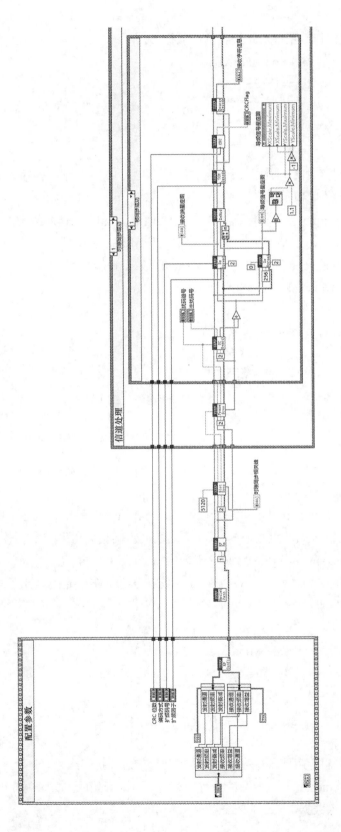

图 13-2　CDMA_Rx_Main.vi 程序框架

（2）配置接收网口数据参数，接收网口数据

VI 名称：CDMA_RxRFloopback.vi。

VI 图标：

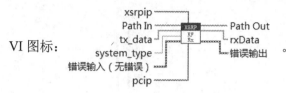

VI 功能：配置接收网口数据参数（包括接收路由、采样速率、传输数据块大小、传输数据量等），并接收网口数据。

VI 输入参数：xsrpip 表示软件无线电平台 IP 地址，Path In 表示路径输入，tx_data 表示输入数据，system_type 表示系统类型，pcip 表示计算机 IP 地址。

VI 输出参数：Path Out 表示路径输出，rxdata 表示输出数据。

VI 位置："\LabviewSubVI\CDMA_RxRFloopback.vi"。

（3）时隙同步

VI 名称：CDMA_ RxTimeslotSyn.vi。

VI 图标：

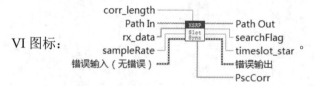

VI 功能：利用主同步码的相关特性，寻找时隙头。

VI 输入参数：corr_length 表示滑动相关长度，Path In 表示路径输入，rx_data 表示输入数据，sampleRate 为采样率。

VI 输出参数：Path Out 表示路径输出，searchFlag 表示相关峰是否明显的标识，timeslot_star 表示时隙开始的点数，PscCorr 表示主同步码相关结果。

VI 位置："\LabviewSubVI\CDMA_ RxTimeslotSyn.vi"。

说明：为了简化手机的设计，WCDMA 系统在下行链路中专门设计了同步信道，在同步信道中发射同步码。

（4）帧同步

VI 名称：CDMA_RxFrameSyn.vi。

VI 图标：

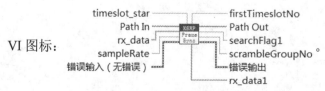

VI 功能：利用辅同步码的相关特性获得帧同步信息和扰码组号。

VI 输入参数：timeslot_star 表示输入数据第一个时隙开始的点数，Path In 表示路径输入，rx_data 表示输入数据，sampleRate 表示采样率。

VI 输出参数：firstTimeslotNo 表示输出数据第一个时隙的时隙号，Path Out 表示路径输出，searchFlag1 表示相关峰是否明显的标识，scrambleGroupNo 表示辅同步码组号，rx_data1 表示输出一个完整帧数据。

VI 位置："\LabviewSubVI\CDMA_RxFrameSyn.vi"。

（5）扰码搜索

VI 名称：CDMA_RxSCSearch.vi。

VI 图标：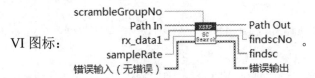。

VI 功能：利用帧同步处理获得帧头信息以及扰码组号。

VI 输入参数：scrambleGroupNo 表示扰码组号，Path In 表示路径输入，rx_data1 表示输入数据，sampleRate 表示采样率。

VI 输出参数：Path Out 表示路径输出，findscNO 表示找到的扰码号，findsc 表示找到的扰码。

VI 位置："\LabviewSubVI\CDMA_RxSCSearch.vi"。

（6）解扩

VI 名称：CDMA_RxDeSpread.vi。

VI 图标：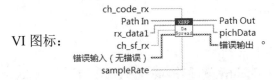。

VI 功能：将解扰后的数据进行解扩处理。

VI 输入参数：ch_code_rx 表示扩频码号，Path In 表示路径输入，rx_data1 表示输入待解扩的数据，ch_sf_rx 表示取值范围，sampleRate 表示采样率。

VI 输出参数：Path Out 表示路径输出，pichData 表示输出经过解扩的数据。

VI 位置："\LabviewSubVI\CDMA_RxDeSpread.vi"。

（7）导频信道解扩

导频信道的解扩程序框架如图 13-3 所示。

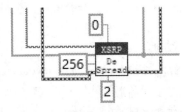

图 13-3　导频信道的解扩程序框架

本案例中导频信道数据为全 0，对应调制后的数据为 $(1+i)$。

（8）解调

VI 名称：CDMA_RxDemodulate.vi。

VI 图标：

VI 功能：实现专用信道数据的解调功能。

VI 输入参数：Path In 表示路径输入，dpchData 表示输入待解调的数据，pichData 表示作为参考信号的导频信号数据。

VI 输出参数：Path Out 表示路径输出；dpchBit 表示输出经过解调的数据；data1A 表示纠正频移后的数据，主要作用是观察星座图。

VI 位置："\LabviewSubVI\CDMA_RxDemodulate.vi"。

说明：解调工作原理是在接收端，将专用信道解扩后的数据和解扩后的导频信号相位进行对比，相位相同则判决为 $(1+i)$，相位顺时针相差 $90°$ 的判决为 $(1-i)$，相位顺时针相差 $180°$ 的判决为 $(-1-i)$，相位顺时针相差 $270°$ 的判决为 $(-1+i)$。

（9）信道译码

VI 名称：CDMA_RxTrchDecoder.vi。

VI 图标：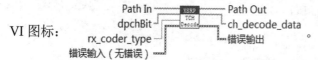

VI 功能：将前序处理的数据进行传输信道译码。

VI 输入参数：Path In 表示路径输入，dpchBit 表示输入待译码的数据，rx_coder_type 表示编码器类型。

VI 输出参数：Path Out 表示路径输出，ch_decode_data 表示输出经过信道译码后的数据。

VI 位置："\LabviewSubVI\CDMA_RxTrchDecoder.vi"。

（10）CRC 校验

VI 名称：CDMA_RxCRC.vi。

VI 图标：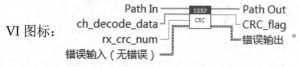

VI 功能：实现 CRC 校验功能。

VI 输入参数：Path In 表示路径输入，ch_decode_data 表示输入待添加 CRC 比特的数据，rx_crc_num 为待添加的 CRC 比特数。

VI 输出参数：Path Out 表示路径输出，CRC_flag 表示 CRC 校验结果。

VI 位置："\LabviewSubVI\CDMA_RxCRC.vi"。

五、实验内容及要点提示

1．CDMA 通信系统接收机软件设计。

【操作提示】

参考系统提供的 demo 程序，用 LabVIEW 软件设计 CDMA 通信系统接收机程序。注：所有的程序代码都要保存在非中文路径下。

2．观测 CDMA 通信系统接收机实验数据。

【操作提示】

（1）使用调试工具 CDMA_TX.exe，产生 CDMA 发射机信号（因为该工具占用资源较大，需要耐心等待几分钟）。

（2）设置发射端参数，单击"Start"选项运行调试工具。发射端参数配置界面如图 13-4 所示。

图 13-4　发射端参数配置界面

注意以下参数配置的原则。

① 两个信道的扩频码设置不能相同，也不能选用 OVSF 码树中的同一分支，因为这样会使两个信道的扩频码失去正交性，导致相互干扰。

② 基于上面的原因，导频信道使用了 $C_{ch, 256, 0}$ 的扩频码，因此两个信道的扩频码号均不能设为 0。

③ 为避免配置参数错误，可以勾选"推荐参数设置"选项，将发射端参数设置为推荐参数。

 注意

调试工具正常运行完后，"运行状态"框会显示"发送数据完成"，此后要单击"Stop"按键停止运行，否则该程序会一直占用网口资源，其他程序（包括 demo 程序）将无法使用该网口。

（3）运行设计好的"CDMA_Rx_Main.vi"程序（或所提供的 demo 程序），观测实验数据。

（4）在设计好的 LabVIEW 界面中，录入计算机及软件无线电平台的 IP 地址，进行参数配置。CDMA 通信系统接收机设计实验主界面如图 13-5 所示。

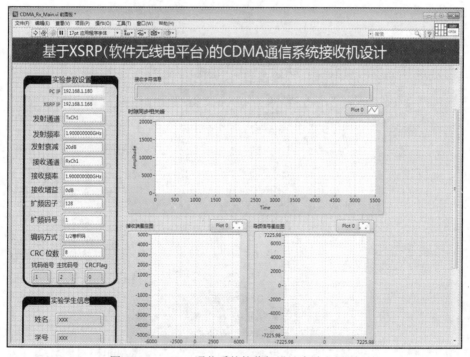

图 13-5　CDMA 通信系统接收机设计实验主界面

注意以下参数配置的原则。

① 发射频率与接收频率配置完全一致。

② 如果信号过大，可以增大发射衰减。如果信号过小，可以减小发射衰减或增大接收增益（因为增大接收增益也会增加接收机的噪声，因此建议优先减小发射衰减）。

③ 如果要接收信道 1 的数据，则将参数设置成与发射端信道 1 参数一致。如果要接收信道 2 的数据，则将参数设置成与发射端信道 2 参数一致。

（5）程序运行后的结果如图 13-6 所示。

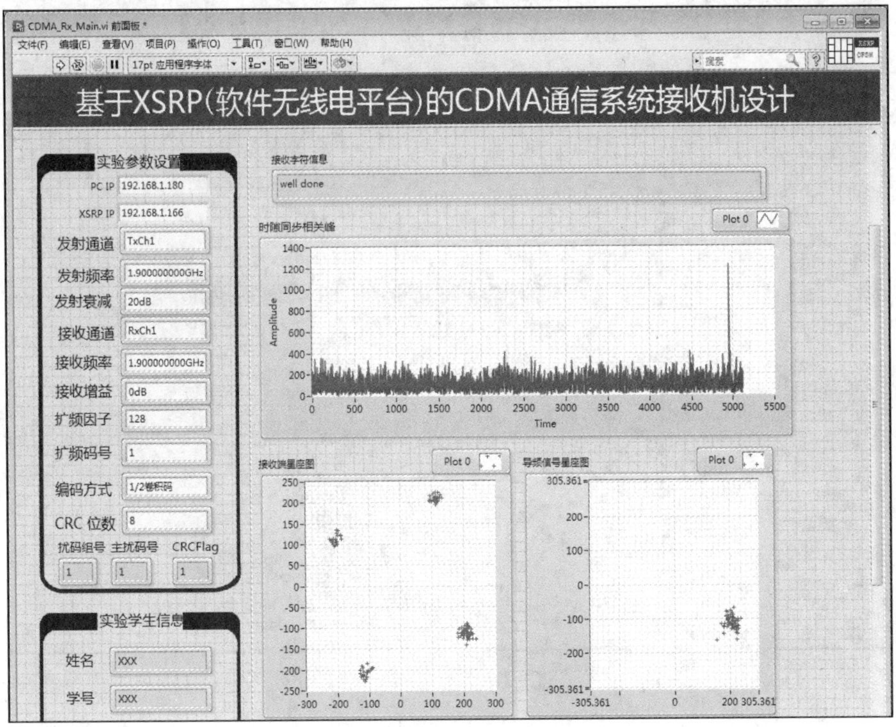

图 13-6 运行结果（3）

在图 13-6 所示结果中，需要说明以下几点。

① 接收端利用同步码相关和扰码相关，获取的扰码组号为 1、扰码号为 1，与发射端的参数配置一致。

② CRCFlag 为 1，表示 CRC 校验正确。

③ 接收的字符信息为"well done"，与发射端的信道 1 数据一致（信道 2 为"good job"）。

④ 接收端通过主同步码相关运算获得的时隙同步相关峰很尖锐，最大值处即为时隙的起始时刻。

⑤ 接收端星座图显示专用信道实际接收信号点（用蓝色表示）很密集，表明接收质量较好。

⑥ 导频信号星座图导频信道实际接收信号点（用蓝色表示）很密集，表明接收质量较好。

上述结果是在接收机和发射机使用同一台设备（同一频率源），且设置的频率完全一致的情况下获取的。这种情况下发射机和接收机之间只存在固定的相位差，而不存在频率差。如果接收机和发射机使用不同的频率源或将两者的频率设置成略有偏差，得到的星座图将如图 13-7 所示，试分析产生这种情况的原因。此时接收频率与发射频率相差 20 Hz。

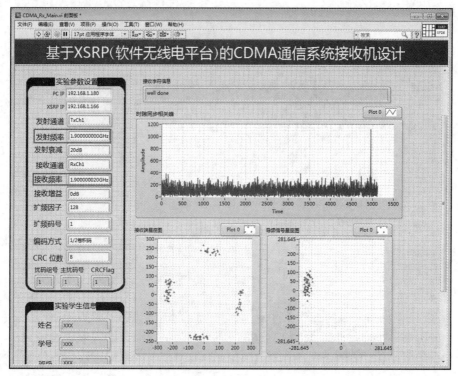

图 13-7　运行结果（4）

3．模块代码编写。

完成时隙同步模块、扰码搜索模块，以及解扩模块代码的编写。

【操作提示】

（1）完成时隙同步模块函数的编写，利用主同步码的相关特性，寻找时隙头。具体实现的功能如下。

- 生成主同步码，并进行两倍采样。
- 用生成的主同步码对输入数据进行滑动相关运算，滑动长度为 corr_length。
- 寻找滑动相关结果中幅值最大的点，该点所在的位置即为时隙开始的位置。

CDMA_ RxTimeslotSyn.m 函数的说明如下。

函数定义：function [search_flag, timeslot_star, mod_PSC_corr] = CDMA_RxTimeslot Syn(input_data, sample_rate, corr_length)。

文件位置："\ MATLABCode\ CDMA_ RxTimeslotSyn"。

输出参数：search_flag 表示相关峰是否明显的标识，0 表示未搜索到相关峰，1 表示搜索到相关峰；

timeslot_star 表示通过相关运算获取的时隙开始时刻数据的点数；

mod_PSC_corr 表示主同步码与输入数据进行相关运算结果的幅值，用于绘制相关峰图像。

输入参数：input_data 表示输入数据，数据长度为 15360 × 2（两倍采样），数据类型为复数；

sample_rate 表示采样率，本案例中设置为 2；

corr_length 表示滑动相关长度，建议设置为两个时隙，即 5120。

（2）完成扰码搜索模块函数的编写，利用帧同步处理获得帧头信息及扰码组号。具体实现的功能如下。

- 生成扰码组号为 scGroupNo 的 8 个主扰码（只取前 15360 个码片），并进行两倍采样。

- 用生成的 8 个主扰码分别对输入数据进行相关运算（./），相关值最大的那个扰码即为发射端使用的扰码。

对 CDMA_RxSCSearch.m 函数的说明如下。

函数定义：function[findscNo, findsc]=CDMA_RxSCSearch(rxData, sampleRate, scGroupNo)。

文件位置："\ MATLABCode\ CDMA_RxSCSearch"。

输出参数：findscNo 表示通过扰码相关获取的扰码号；

findsc 是与发射端一致的扰码，数据长度为 15360 × 2（即两倍采样）。数据类型为复数。

输入参数：xData 表示输入数据，数据长度为 15360 × 2（即两倍采样）。数据类型为复数；

sampleRate 表示采样率，本案例中设置为 2；

scGroupNo 表示扰码组号，由帧同步处理获得。

（3）完成解扩模块函数的编写，将解扰后的数据进行解扩处理。具体实现的功能如下。

- 生成 OVSF 扩频码，并进行两倍采样。

- 对输入数据进行解扩。

CDMA_RxDespread.m 函数的说明如下。

函数定义：function [out_data] = CDMA_RxDespread(input_data, sf, ovsf_No, sample_rate)。

文件位置："\ MATLABCode\ CDMA_RxDespread"。

输出参数：out_data 为输出数据，数据长度为 15360 / SF。数据类型为复数。

输入参数：input_data 表示输入数据，数据长度为 15360 × 2（即两倍采样），数据类型为复数；

SF 表示扩频因子，专用信道扩频因子由界面中的"扩频因子"输入确定，导频信道的扩频因子固定为 256；

ovsf_No 表示扩频码号，专用信道扩频因子由界面中的"扩频码号"输入确定，导频信道的扩频码号固定为 0。

4．软硬件联调。

【操作提示】

（1）将完成的函数对应的 .p 文件名增加数字 1，例如完成的是时隙同步函数，对应 CDMA_ RxTimeslotSyn.p 文件，将其名称重命名为 CDMA_ RxTimeslotSyn1.p，如图 13-8 所示。

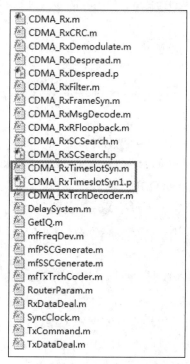

图 13-8　文件重命名示意

（2）将自己完成的 CDMA_ RxTimeslotSyn.m 文件放入 MATLABCode 文件夹中。

（3）按照上述操作依次完成扰码搜索函数 CDMA_RxSCSearch.m 和解扩函数 CDMA_ RxDespread.m 的程序编写。

（4）完成上述操作后，重新运行"CDMA_Rx_Main.vi"文件，执行功能验证操作，验证程序是否正确。观察替换上述两个文件后，实验数据是否符合替换这两个文件前的内容。

六、实验报告要求

1. 记录接收端字符信息，验证是否与发射端一致。

2. 记录时隙同步相关峰、接收端星座图及导频信号星座图。

3. 更改参数配置，将接收频率与发射频率设置得相差 20 Hz，观测上述数据波形的变化。

4. 独立完成时隙同步、扰码搜索及解扩模块函数的代码编写，并进行调试。

七、思考题

1. 比较发射机发射一路扩频信号和同时发射两路信号，接收机解调出的接收字符及接收信号的波形，分析其差别及产生的原因。

2. 比较信码速率与扩频码速率不同时，接收机解调出的信号波形，分析其差别及产生的原因。

案例 14

基于软件无线电平台的 MIMO-OFDM 通信系统设计

一、实验目的

① 巩固移动通信的基础理论知识，将理论知识应用到实践中。

② 掌握 MIMO 系统的发射分集和空间复用的原理。

③ 掌握 MIMO-OFDM 通信系统发射分集的实现方法。

二、预习要求

① 阅读实验讲义，了解 MIMO 系统发射分集和空间复用的原理。

② 根据实验要求，设计 MIMO-OFDM 通信系统仿真内容。

三、实验器材

硬件平台：软件无线电平台、计算机。

软件平台：软件无线电平台集成开发软件、LabVIEW、MATLAB R2012b 及以上版本。

四、实验原理

目前，OFDM 技术和 MIMO 技术不断发展，利用它们的优势，在频率选择性衰落信道中将两者有机地结合，能够在原有技术的基础上进一步提高整体性能，由此 MIMO-OFDM 通信系统应运而生。移动宽带无线接入标准 IEEE 802.20 采用 MIMO 和 OFDM 相结合的方式，并将它们作为其物理层核心技术。第四代移动通信系统的设计方案也无一例外地使用了 MIMO-OFDM 技术来提高系统的传输性能。当前，对 MIMO-OFDM 通信系统的研究方向大致分为以下几个。

方向 1：空间分集，采用空间分集技术可以提高传输信号的速率。在无线通信系统中，空时编码的主要作用是提高传输质量并降低误码率，从而获得更高性能的增益。目前主要的 3 种空时编码方式分别是分层空时码、空时网格码以及空时分组码。

方向 2：系统容量的扩展，通过不同的分层结构达到不同系统容量的期望。

方向 3：信道及数据的发送与接收。在这一方向中，重点聚集于信道的估计与同步。同时，对信道容量、信号检测、均衡、发射机、接收机设计等也有所关注。

1. MIMO 技术原理

在无线通信系统中，根据无线信道的空间特性，可以在发射端和接收端分别接入多根输入天线和输出天线，从而极大地提高系统传输的性能。这些在发射端和接收端布置多根天线的系统称为 MIMO 系统。在 MIMO 系统中，"输入"和"输出"是相对于无线传输系统的信道来描述的。多个发射端同时将其信号输入无线信道中，并且将这些信号从无线信道传输到多个接收端中，从而能够提高系统性能。同样，在实际通信系统的下行链路及上行链路中，可以对基站、移动站的发射机和接收机使用相同的配置，利用多根天线的传输，从而达到系统性能的整体提升。

MIMO 技术可在不增加带宽的情况下大幅提升通信系统的信道容量与频谱利用率。根据不同的传输信道类型，MIMO 可以在无线传输系统中使用相应的分集方式。目前，主要的分集方式包括时间分集（不同的时隙和信道编码）、频率分集（不同的信道、扩频和 OFDM）及空间分集。MIMO 系统利用的是空间分集方式，其传输速率明显得到提高。

MIMO 系统结构如图 14-1 所示，包含有 m 根发射天线和 n 根接收天线。因为移动台发射信号经不同天线发射，存在时隙时延，且信道中含有噪声与干扰，加之每个接收天线接收到的内容来自不同发射天线，所以不同收发天线间存在不同形式的信道冲激响应。

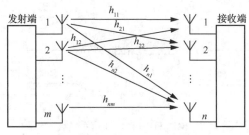

图 14-1　MIMO 系统结构

MIMO 模型可通过式（14-1）表示。

$$\begin{bmatrix} r_1 \\ r_2 \\ \vdots \\ r_{N_{RX}} \end{bmatrix} = \begin{bmatrix} h_{11} & h_{12} \\ h_{21} & h_{22} \\ \vdots & \vdots \\ h_{N_{RX}1} & h_{N_{RX}2} \end{bmatrix} \begin{bmatrix} s_1 \\ s_2 \end{bmatrix} + \begin{bmatrix} n_1 \\ n_2 \\ \vdots \\ n_{N_{RX}} \end{bmatrix} \tag{14-1}$$

其中，$n_1, n_2, \cdots, n_{N_{RX}}$ 表示噪声。

我们对式（14-1）进行简化，令

$$r = \begin{bmatrix} r_1 \\ r_2 \\ \vdots \\ r_{N_{RX}} \end{bmatrix}, \quad h_1 = \begin{bmatrix} h_{11} \\ h_{21} \\ \vdots \\ h_{N_{RX}1} \end{bmatrix}, \quad h_2 = \begin{bmatrix} h_{12} \\ h_{22} \\ \vdots \\ h_{N_{RX}2} \end{bmatrix}, \quad n = \begin{bmatrix} n_1 \\ n_2 \\ \vdots \\ n_{N_{RX}} \end{bmatrix}$$

可得式（14-2）。

$$r = h_1 s_1 + h_2 s_2 + n \tag{14-2}$$

目前的 MIMO 系统有单用户 MIMO 和多用户 MIMO，本案例系统为单用户 MIMO。

2. MIMO-OFDM 技术原理

OFDM 可与信道中多种编码、自适应技术相结合，使无线通信系统在进行信息传输时具有更好的可靠性，能有效减小各分集子信道产生的衰落。MIMO 技术通过空间多路复用增益大幅提升了数据传输性能指标，并通过接收天线多样性增益增强了连接的稳定质量。MIMO-OFDM 结合了 MIMO 技术与 OFDM 通信系统的优势，在 OFDM 传输系统中采用阵列天线来实现空间分集，提高了信号质量，并将时间、频率和空间这 3 种分集技术相结合，使传输速率、抗干扰能力和多径容限能力有了很大的提升。

MIMO-OFDM 技术将发射端信源经 OFDM 调制由 MIMO 系统发送给接收端，其传输过程如图 14-2 所示。

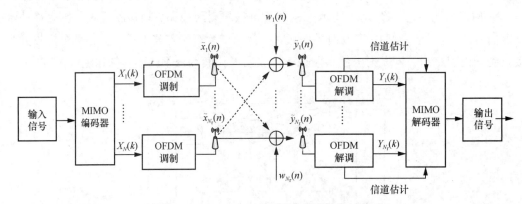

图 14-2　MIMO-OFDM 通信系统传输过程

在图 14-2 所示的 MIMO-OFDM 通信系统中，有 N_{t} 根发射天线和 N_{r} 根接收天线。在发送端，输入信号经过 MIMO 编码器，形成多路并行的信息比特流，经过 OFDM 调制（如 QPSK/QAM，其中需要插入循环前缀来抵抗信道间的干扰），最终产生多路并行且长度为 K 的 OFDM 信号，通过 N（$N \leqslant N_{\mathrm{r}}$）根发射天线将其发送出去。在接收端，每根接收天线接收到的多路叠加信号都经历过不同的信道衰减，其信号的恢复需要先经过下变频与模/数转换，再进行时域和频域的同步处理，接着进行采样，对采样信号进行 OFDM 解调。依据 OFDM 解调出的信号反过来对信道进行估计，接收端根据信道估计对解调信号进行 MIMO 解码，并对解码出的信号进行频率补偿和定时跟踪，最终通过信号检测恢复出原始信号。

MIMO-OFDM 通信系统能实现高速率、可靠性和稳定性好的信号传输，其关键技术主要有分集技术、空间复用技术、同步技术、信道估计、自适应调制编码等。

在 MIMO-OFDM 通信系统中，循环时延分集（CDD）技术已经作为常规技术被广泛使用。对于 CDD 而言，不同天线的发射信号之间存在相应的时延，其本质相当于在 OFDM 系统中引入了虚拟的时延回波成分，可以在接收端增加相应的选择性。因为 CDD 引入了额外的分集成分，所以往往被认为是空分复用的补充表现形式。

图 14-3 展示了 CDD 收、发端的结构，这种结构可通过数学的方法进行描述。假设第 i 根天线的时延是 δ_i，则第 i 路的发射信号可以表示为式（14-3）所示形式，其中，$\delta_{\mathrm{cy},1}$、$\delta_{\mathrm{cy},N-1}$ 表示各天线相对于原始信号的时延。

$$s_i(k) = \tilde{s}(k - \delta_i) \tag{14-3}$$

其中，k 表示时间变量，$\tilde{s}$ 表示原始的发射信号，$s_i(k)$ 表示通过第 i 根天线发射的信号。

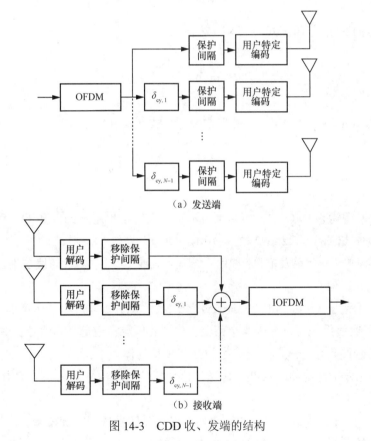

图 14-3　CDD 收、发端的结构

因时域中 OFDM 的接收是循环卷积，所以在频域中 OFDM 的接收可通过式（14-4）表示。

$$\mathrm{DFT}(y_i) = \mathrm{DFT}(h_i)\mathrm{DFT}(s_i(k)) + \mathrm{DFT}(n) \tag{14-4}$$

第 i 根天线发射出的信号可通过式（14-5）表示。

$$\text{DFT}(s_i(k)) = \text{DFT}(\tilde{s}(k - \delta_i)) \tag{14-5}$$

假设第 1 根天线发射的信号对应离散傅里叶变换（DFT）为 $S(l)$，那么第 i 根天线发射信号对应的 DFT 为

$$S_i(l) = S(l)\mathrm{e}^{-\mathrm{j}\frac{2\pi}{N_{\text{FFT}}}\delta_i l} \tag{14-6}$$

其中，l 表示 DFT 的频率索引，每个 l 值对应一个特定的频率成分。

已知接收端有 N_r 根天线，信道参数的 DFT 为 $H_i(l)$，则总的接收信号 $R(l)$ 可用式（14-7）表示。

$$R(l) = \sum_{i=0}^{N_r-1} S_i(l)H_i(l) + N(l) \tag{14-7}$$

信道参数的 DFT 可通过式（14-8）表示。

$$H(l) = \sum_{i=0}^{N_t-1} \mathrm{e}^{-\mathrm{j}\frac{2\pi}{N_{\text{FFT}}}\delta_i l} H_i(l) \tag{14-8}$$

将其写成 $R(l) = S(l)H(l) + N(l)$ 的形式，可得式（14-9）。

$$R(l) = S(l)\sum_{i=0}^{N_t-1} \mathrm{e}^{-\mathrm{j}\frac{2\pi}{N_{\text{FFT}}}\delta_i l} H_i(l) + N(l) \tag{14-9}$$

式（14-9）即为 MIMO 的输出结果。本实验实现了单用户的 MIMO，包括 1 发 1 收（MIMO_OFDM_1T1R）和 2 发 2 收（MIMO_OFDM_2T2R）。

下面分别对单天线（单发单收）通信系统和多天线（多发多收）通信系统进行简要说明。

（1）单天线通信系统

图 14-4 所示为单天线 MIMO-OFDM 通信系统发射端与接收端原理框架。单发单收 MIMO-OFDM 通信系统可以分为 4 个部分，分别是信源产生部分、信号发射端处理部分、信道部分、信号接收端处理部分。信号的处理步骤具体如下。

步骤 1：由发射端随机生成准备传送的比特流信号，信号经过添加 CRC 与码块分割生成待编码的存储矩阵。

步骤 2：利用 Turbo 码和码块的级联和交错，对信号进行加扰与调制，产生相应的导频、时域和频域数据，添加循环前缀后由发射天线发出。

步骤 3：经过信道传送，由接收天线接收经空中信道传输的信号。

步骤 4：接收到的信号经过去循环前缀、信道估计、解调、解扰、解交织、码块信息处理、Turbo 码译码、解 CRC 等恢复出发送的信号。

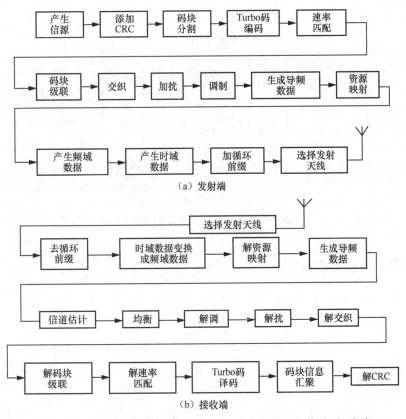

（a）发射端

（b）接收端

图 14-4　1 发 1 收 MIMO-OFDM 通信系统发射端与接收端原理框架

（2）多天线通信系统

2 发 2 收 MIMO-OFDM 通信系统发射端与接收端原理框架如图 14-5 所示，其发射端信号处理方法和单一天线系统一样，不同的是信号在处理后通过两个发射天线来发送，经空中信道传输后由两个接收天线接收。接收到的两路信号先分别进行去循环前缀、时域/频域数据变换、解资源映射、生成导频数据与信道估计，再进行均衡，继而生成一路信号进行解调、解扰、解交织等处理后恢复为发送端原始信号，最终进行系统的误比特数及误码率的统计与计算。

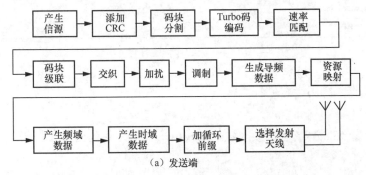

（a）发送端

图 14-5　2 发 2 收 MIMO-OFDM 通信系统发射端与接收端原理框架

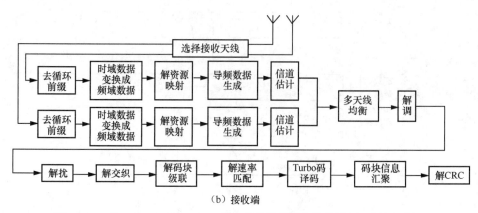

图 14-5 2 发 2 收 MIMO-OFDM 通信系统发射端与接收端原理框架（续）

五、实验内容及要点提示

1．发射天线与接收天线参数设置。

【操作提示】

天线参数配置如图 14-6 所示，设置全部发射天线 TX 与接收天线 RX 的频率为 2 GHz，设置发射天线 TX1 与 TX2 的衰减为 30 dB，RX1 与 RX2 的接收增益为 8 dB。

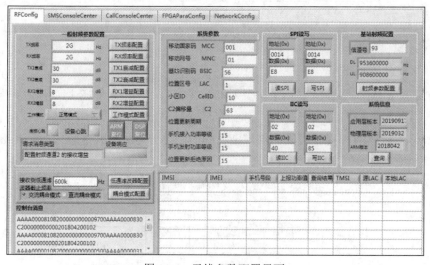

图 14-6 天线参数配置界面

2．配置软件无线电平台硬件天线。

【操作提示】

将 4 根天线（2 发 2 收），接入软件无线电平台中，并且让这 4 根天线相互之间尽量隔离开。

3．配置 MIMO_OFDM 通信系统的软件参数。

【操作提示】

在通信系统的"MIMO_OFDM_main.m"文件中，修改发射天线数目、接收天线数目等参数，构成多天线通信系统，如图 14-7 所示。

```
antnum =2; %接收天线数目 1：单天线接收  2:2天线接收
txantnum =2; %发射天线数目 1：单天线发射 2:2天线发射
recant = 0; %单天线接收时，0：代表天线0接收  1：代表天线1接收
txindex = 0; %单天线发射时，0：代表天线0发射 1：代表天线1发射
addnoiseflag =0; %1：添加噪声  0：不添加噪声
rfflag = 1; %1：经过射频 0：不经过射频
sscflag =0; %产生同步信号
subframernum =10; %帧数
numpersubfram = zeros(1,subframernum); %每帧错误比特数
errorbitrate = 0;  %误码率
```

图 14-7 "MIMO_OFDM_main.m"文件参数配置界面

4．配置 IP 地址。

【操作提示】

在通信系统的"OFDM_RFLoopback_1ant.m"和"OFDM_RFLoopback_2ant.m"文件中，对软件无线电平台内部 FPGA 的 IP 地址进行逐台配置，例如平台内部 FPGA 的网络地址为 172.24.6.107，主机 PC 端网络地址为 172.24.6.207，这与硬件上方手写标注的 IP 地址一致。请注意，实验室内每台硬件的 IP 地址不一致。

六、实验报告要求

1．配置 MIMO_OFDM_1T1R（1 发 1 收）单天线通信系统天线参数，并截图。

2．观测并记录单天线通信系统发送端与接收端波形，观测有没有误码情况。

3．观测并记录单天线通信系统眼图，对眼图进行分析说明。

4．配置 MIMO_OFDM_2T2R（2 发 2 收）多天线通信系统天线参数，并截图。

5．观测并记录多天线通信系统发送端与接收端波形，观测有没有出现误码。

6．观测并记录多天线通信系统眼图，对眼图进行分析说明。

七、思考题

1．对比单天线（1T1R）通信系统与多天线（2T2R）通信系统，找出接收端在接收信号波形图和眼图上的性能差别，并分析差异产生的原因。

2．单天线通信系统和多天线通信系统的眼图质量并不太好，可以进行调节吗？怎么调？

3．请查阅资料并思考：多天线通信系统的收、发天线最多可以有多少根？目前主流技术有多少根天线？

案例 15
基于软件无线电平台的模拟调制信号自动识别系统设计

一、实验目的

① 巩固移动通信的基础理论知识，将理论知识应用到实践中。
② 通过软硬件结合的方式，构建模拟调制信号自动识别系统。
③ 掌握通过 LabVIEW 软件和软件无线电平台实现通信系统的方法。

二、预习要求

① 阅读实验讲义，了解通信信号模拟调制方法。
② 根据实验要求，设计信号模拟调制仿真内容。

三、实验器材

硬件平台：软件无线电平台、计算机。

软件平台：软件无线电平台集成开发软件、LabVIEW、MATLAB R2012b 及以上版本。

四、实验原理

1. 模拟调制信号原理

信号的模拟调制是指对信源的信号与指定的载波进行调制，得到已调信号的过程，是无线通信系统中必不可少的重要环节。本案例主要研究 6 种模拟调制方式的信号识别方法，分别为振幅调制（AM）、频率调制（FM）、单边带（SSB）调制、上边带（USB）调制、下边带（LSB）调制、残留边带（VSB）调制。

AM 的载波幅度与发送信号的波形幅度呈等比例变化。FM 通过载波的瞬时频率变化表示信息，载波的频率随信号的幅度呈等比例变化。

双边带调制（DSB），被调信号 $m(t)$ 如果不存在直流分量，那么在调制后得到输出信号中的载波分量也将不存在，输出信号频谱中的两个边带信号（即上边带信号和下边带信号）携带同样信息。

SSB 调制由于双边带调制所产生两个边带传递的是同样信息，故在传输过程中传输一个边带就可以达到效果。对于另一个无须被传送的边带信号，通常使用滤波器对该信号进行滤除操作。调制后的信号通过高通滤波器后是上边带 USB 信号，通过低通滤波器后是 LSB 信号。

VSB 调制信号的频率谱密度成分除保留了完整的一个单边带信号频谱外，还保留了部分另一个边带信号的频谱，即残留部分。VSB 调制所需要的频率宽度小于双边带调制，解调方式相较于单边带调制更加容易。

针对这 6 种模拟调制方式，软件无线电平台提供了识别方法，其实现原理框架如图 15-1 所示。

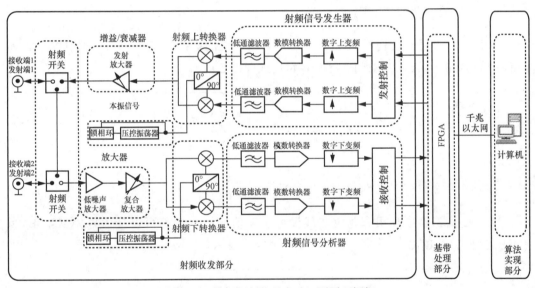

图 15-1　模拟调制信号自动识别原理框架

在识别过程中，首先随机读取样本个数（本地 6 种模拟调制信号的数据），任选一种调制方式通过以太网发送到软件无线电平台，在平台中完成 I 路和 Q 路信号 D/A（数/模）转换及上变频载波调制，在指定频点将信号通过天线发射出去。无线信号经过空中无线信道，再通过射频接收天线，在对应的频点将数据接收、下变频、低通滤波、A/D（模/数）转换得到 I 路和 Q 路信号，接收到的信号通过以太网发送到计算机。

接着，在基于零中心数据处理的条件下进行瞬时特征值提取，对接收信号进行特征值判断识别，继而判断出所采用的调制方式。这些特征值主要包括 4 个特征参数，分别为零中心归一化瞬时幅度之谱密度的最大值 $\gamma_{\max}$、零中心非弱信号段瞬时相位非线性分量绝对

值的标准偏差 σ_{ap}、零中心非弱信号段相邻相位非线性分量差值的标准偏差 σ_{dp} 及谱对称性 P。最后，利用 MATLAB 构建神经网络的识别网络，用训练样本对网络进行训练，之后判别信号的调制方式。

这 4 个特征参数的含义及作用如下。

零中心归一化瞬时幅度之谱密度的最大值可以将信号{DSB, FM}中 FM 和 DSB 区分出来，可用式（15-1）表示。

$$\gamma_{\max} = \max\left\{\frac{[\text{FFT}(a_{\text{cn}}(i)^2)]}{N_{\text{s}}}\right\} \tag{15-1}$$

其中，N_{s} 表示取样点数；$a_{\text{cn}}(i)$ 表示零中心归一化瞬时幅度，可通过式（15-2）表示。

$$a_{\text{cn}}(i) = a_n(i) - 1 \tag{15-2}$$

其中，$a_n(i) = a(i)/m_{\text{a}}$，$m_{\text{a}} = \dfrac{1}{N_{\text{s}}}\displaystyle\sum_{i=1}^{N} a(i)$。

零中心非弱信号段瞬时相位非线性分量绝对值的标准偏差可以将信号{DSB, AM, FM}中的 DSB 和{AM, FM}进行区分，可用式（15-3）表示。

$$\sigma_{\text{ap}} = \sqrt{\frac{1}{c}\left[\sum_{a_n(i)>a_t} \Phi_{\text{NL}}^2(i)\right] - \left[\frac{1}{c}\sum_{a_n(i)>a_t} |\Phi_{\text{NL}}(i)|\right]^2} \tag{15-3}$$

其中，$\Phi_{\text{NL}}(i) = \varphi(i) - \dfrac{1}{N_{\text{s}}}\displaystyle\sum_{i=1}^{N_{\text{s}}}\varphi(i)$，$\varphi(i)$ 表示瞬时相位。

零中心非弱信号段相邻相位非线性分量差值的标准偏差可以将信号{AM, VSB}和{DSB, FM, LSB, USB}进行区分，可用式（15-4）表示。

$$\sigma_{\text{dp}} = \sqrt{\frac{1}{c}\left[\sum_{a_n(i)>a_t} \Phi_{\text{NL}}^2(i)\right] - \left[\frac{1}{c}\sum_{a_n(i)>a_t} \Phi_{\text{NL}}(i)\right]^2} \tag{15-4}$$

谱对称性可以将信号{AM, VSB}中 AM 和 VSB 区分出来，以及将{DSB, FM, LSB, USB}中 LSB 调制和 USB 调制区分出来，可用式（15-5）表示。

$$P = (P_{\text{L}} - P_{\text{U}})/(P_{\text{L}} + P_{\text{U}}) \tag{15-5}$$

其中，$P_{\text{L}} = \displaystyle\sum_{i=1}^{f_{\text{cn}}} |S(i)|^2$；$P_{\text{U}} = \displaystyle\sum_{i=1}^{f_{\text{cn}}} |S(i+f_{\text{cn}}+1)|^2$，$S(i)$ 表示采样后的傅里叶变换，f_{cn} 表示载频。

根据以上 4 个特征参数进行模拟调制信号识别的原理框架如图 15-2 所示。

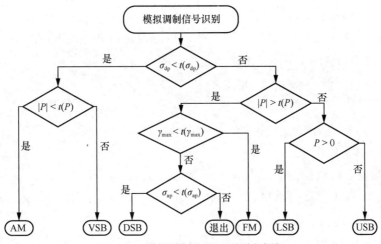

图 15-2　模拟调制信号识别原理框架

2．程序设计流程

在软件无线电平台中，模拟调制信号识别程序主要通过 LabVIEW 软件实现，其程序设计流程如图 15-3 所示。

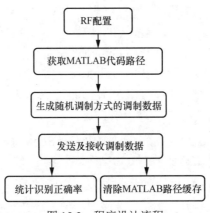

图 15-3　程序设计流程

下面简要介绍程序中各模块的功能。

（1）RF 配置模块

RF 配置模块的功能为配置软件无线电平台硬件的射频发射参数和接收参数。

VI 名称：RFConfig.vi。

VI 图标：

VI 功能：配置硬件的射频发射参数和接收参数。

VI 输入参数：发射参数设置（如发射通道、发射频率、发射衰减设置）、接收参数设置（如接收通道、接收频率、接收增益设置）。

VI 输出参数：error out 表示错误输出。

VI 位置：文件夹"SDR_AMR"下的"\LabviewSubVI\RFConfig\ RFConfig.vi"。

（2）获取 MATLAB 代码路径模块

VI 名称：GetMATLABCodePath.vi。

VI 图标：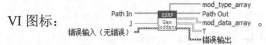。

VI 功能：获取 MATLABCode 文件夹所在的路径。

VI 输入参数：无。

VI 输出参数：MATLABCodePath 表示 MATLAB 代码路径。

VI 位置：文件夹"SDR_AMR"下的"\LabviewSubVI\ GetMATLABCodePath.vi"。

（3）生成随机调制方式的调制数据模块

调制信号生成模块的功能为生成共 6 类模拟调制信号与其训练标签。该模块的输入参数为训练集样本数、测试集样本数与生成调制信号的信噪比；输出参数为训练集数组、训练集标签数组、训练集调制类型表示数组、检测集数组、检测集标签数组、检测集调制类型表示数组。该模块由 MATLAB 编写代码封装而成。

VI 名称：Gen_Dig_Mod_Data.vi。

VI 图标：

VI 功能：根据样本数生成随机调制方式的调制数据。

VI 输入参数：Path In 表示路径输入，J 表示样本数。

VI 输出参数：Path Out 表示路径输出，mod_data_array 表示调制数据，mod_type_array 表示调制数据对应的调制方式。

VI 位置：文件夹"SDR_AMR"下的".\LabviewSubVI\Gen_Dig_Mod_Data.vi"。

（4）发送及接收调制数据模块

接收调制数据模块的功能为接收通过发射天线发射的信号，并对其进行特征值提取与机器学习方法训练，以及调制方式识别。该模块的输入参数为训练集数组、训练集标签数组、训练集调制方式表示数组、检测集数组、检测集标签数组、检测集调制类型表示数组。在识别过程中，首先使用小波降噪的硬阈值处理方法对输入信号数组进行降噪处理，得到降噪后的信号后使用 BP 神经网络算法（或 SVM 算法）对信号调制方式进行自动识别，最终输出识别后所得到的检测集调制类型表示数组。该模块由 MATLAB 编写代码封装而成。

（5）统计识别正确率模块

VI 名称：CalcCorrectRate.vi。

VI 图标：

VI 功能：统计样本数的调制方式的识别正确率。

VI 输入参数：样本数，mod_type_array 表示调制类型，Index 表示识别后的调制类型。

VI 输出参数：正确率。

VI 位置：文件夹"SDR_AMR"下的"\LabviewSubVI\ CalcCorrectRate.vi"。

（6）清除 MATLAB 代码路径缓存模块

VI 名称：MATLABPathClear.vi。

VI 图标：

VI 功能：清除执行 MATLAB 代码所加入的路径缓存。

VI 输入参数：Path 表示 MATLAB 代码路径。

VI 输出参数：error out 表示错误输出。

VI 位置：文件夹"SDR_AMR"下的"\LabviewSubVI\ MATLABPathClear.vi"。

在 LabVIEW 软件中，调制识别程序框架如图 15-4 所示。

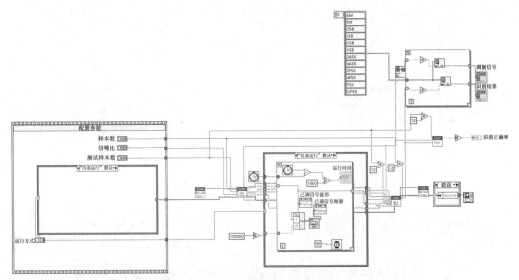

图 15-4　LabVIEW 中的调制识别程序框架

在图 15-4 中，左边第一个方形模块中的内容为调制信号训练集与测试集的样本数，以及信噪比输入，主要实现对信号的发射与接收功能。中间的方形模块负责对接收到的信号进行波形显示及频谱显示，并对调制识别时间进行计时。右上角方形模块负责对检测集信号原调制方式和识别出的调制方式进行显示。

五、实验内容及要点提示

1．模拟调制信号自动识别系统软件设计。

【操作提示】

根据提供的 demo 程序，用 LabVIEW 软件设计模拟调制信号自动识别程序。请注意，所有的程序都要保存在非中文路径下。

2．观测模拟调制信号自动识别实验数据。

【操作提示】

（1）运行设计好的 LabVIEW 后台程序（或所提供的"AMR"模板程序），观测实验数据。

（2）在设计好的 LabVIEW 前面板中，录入计算机及软件无线电平台的 IP 地址。

（3）每台计算机及软件无线电平台的 IP 地址，在实验室组建局域网后都不相同，这里录入实际 IP 地址。界面如图 15-5 所示。

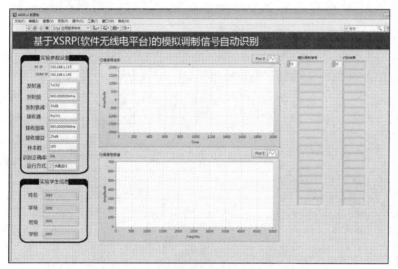

图 15-5　模拟调制信号自动识别主界面

（4）切换"运行方式"为射频环回，查看识别正确率，结果如图 15-6 所示。

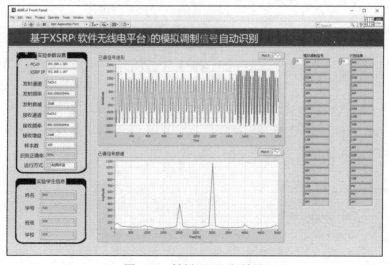

图 15-6　射频环回运行结果

3．根据提供代码，识别信号的调制方式及统计识别正确率。

【操作提示】

对调制方式进行识别的过程主要分为两步。第一步，提取调制数据的特征参数；第二步，利用 BP 神经网络算法，根据训练样本进行仿真，计算测试样本数。本实验要求必须完成第一步提取特征参数部分，包括对以下 4 个特征参数的提取，即零中心归一化瞬时幅度之谱密度的最大值 γ_{max}、零中心非弱信号段瞬时相位非线性分量绝对值的标准偏差 σ_{ap}、零中心非弱信号段相邻相位非线性分量差值的标准偏差 σ_{dp} 及谱对称性参数 P。以下给出部分函数的代码。

（1）调制识别主函数 AMR_RevData.m

此函数的路径为 "\MATLABCode\AMR_RevData.m"，其主要代码如图 15-7 所示。

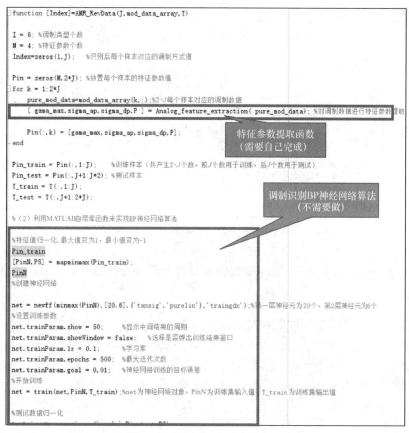

图 15-7　调制识别主函数 AMR_RevData.m 的主要代码

（2）特征提取函数 Analog_feature_extraction

函数定义：

```
[ gama_max,sigma_ap,sigma_dp,P ] = Analog_feature_extraction( pure_mod_data)
```

函数位置：文件夹 "SDR_AMR" 下的 ".\MATLABCode\Analog_feature_extraction"。其子函数的主要代码如下：

gama_max：零中心归一化瞬时幅度之谱密度的最大值，其主要代码如图 15-8 所示。

```
%%%%%%%%%%%%%%%%%%%%%%%%%%%%%%%%%%%%%%%%%%%%%%%%%%%%%%%%%%%%%%%%%%%%%%%%%%%%%%%%
%(1)计算:零中心归一化瞬时幅度之谱密度的最大值gama_max
Ns = length(mod_data);
h1 = imag(hilbert(mod_data));  %频率成分移动90°后的信号
a = sqrt(mod_data.^2 + h1.^2);   %利用希尔伯特变换得到相移90°的信号，利用原信号和相移后的信号求瞬时幅度
ma = mean(a);    %瞬时幅度的平均值
an = a./ma;
acn = an - 1;    %零中心归一化瞬时幅度
tmp = abs(fft((acn).^2)/Ns);
gama_max = max(tmp);
```

图 15-8　gama_max 子函数的主要代码（模拟调制信号）

sigma_ap：零中心非弱信号段瞬时相位非线性分量绝对值的标准偏差，其主要代码如图 15-9 所示。

```
%%%%%%%%%%%%%%%%%%%%%%%%%%%%%%%%%%%%%%%%%%%%%%%%%%%%%%%%%%%%%%%%%%%%%%%%%%%%%%%%
%(2)零中心非弱信号段瞬时相位非线性分量绝对值的标准偏差 sigma_ap
%%%瞬时相位
fai0 = atan2(h1,mod_data);    %利用原信号和相移后的信号求得瞬时相位
fai = unwrap(fai0);    %解相位重叠，瞬时相位

at = mean(an);    %非弱信号段的幅度判决门限
anc_loc = find(abs(an)>at);
anc = an(anc_loc);    %找到非弱信号段
C = length(anc_loc);

fai_r=fai;
fai_0 = mean(fai_r);
fai_NL = fai_r - fai_0;  %是实数
tmp1 = sum(fai_NL.^2)/C - (sum(abs(fai_NL))/C).^2;
sigma_ap = sqrt(tmp1);
```

图 15-9　sigma_ap 子函数的主要代码（模拟调制信号）

sigma_dp：零中心非弱信号段相邻相位非线性分量差值的标准偏差，其主要代码如图 15-10 所示。

```
%%  (3)零中心非弱信号段相邻相位非线性分量差值的标准偏差 sigma_dp
tmp2 = sum(fai_NL.^2)/C - (sum((fai_NL))/C).^2;
sigma_dp = sqrt(tmp2);
```

图 15-10　sigma_dp 子函数的主要代码（模拟调制信号）

P：谱对称性，其主要代码如图 15-11 所示。

```
%%%%%%%%%%%%%%%%%%%%%%%%%%%%%%%%%%%%%%%%%%%%%%%%%%%%%%%%%%%%%%%%%%%%%%%%%%%%%%%%
%(4)谱对称性P
fmn = round( ori_fm*Ns/fs );
fcm = round( ori_fc*Ns/fs );
SF = fftshift(abs(fft(mod_data)));
PL = sum( abs(SF(Ns/2+fcm-fmn:Ns/2+fcm+1)).^2 );
PU = sum( abs(SF(Ns/2+fcm :Ns/2+fcm+fmn+1)).^2 );
P = (PL-PU)/(PL+PU);
```

图 15-11　P 的主要代码

4．自主设计部分程序。

自主编写实现模拟调制特征参数提取程序文件——Analog_feature_extraction。

【操作提示】

函数定义：function [gama_max, sigma_ap, sigma_dp, P] = Analog_feature_extraction (mod_data)。

函数输入：mod_data 表示模拟已调信号数据。

函数输出：gama_max 表示零中心归一化瞬时幅度之谱密度的最大值；sigma_ap 表示零中心非弱信号段瞬时相位非线性分量绝对值的标准偏差；sigma_dp 表示零中心非弱信号段相邻相位非线性分量差值的标准偏差；P 表示谱对称性。

其主要代码如图 15-12 所示。

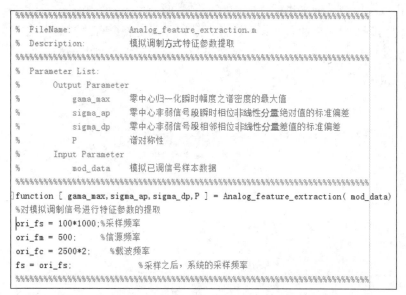

```
%%%%%%%%%%%%%%%%%%%%%%%%%%%%%%%%%%%%%%%%%%%%%%%%%%%%%%%%%%%%%%%%%
%  FileName:          Analog_feature_extraction.m
%  Description:       模拟调制方式特征参数提取
%%%%%%%%%%%%%%%%%%%%%%%%%%%%%%%%%%%%%%%%%%%%%%%%%%%%%%%%%%%%%%%%%
%  Parameter List:
%       Output Parameter
%           gama_max      零中心归一化瞬时幅度之谱密度的最大值
%           sigma_ap      零中心非弱信号段瞬时相位非线性分量绝对值的标准偏差
%           sigma_dp      零中心非弱信号段相邻相位非线性分量差值的标准偏差
%           P             谱对称性
%       Input Parameter
%           mod_data      模拟已调信号样本数据
%%%%%%%%%%%%%%%%%%%%%%%%%%%%%%%%%%%%%%%%%%%%%%%%%%%%%%%%%%%%%%%%%
function [ gama_max,sigma_ap,sigma_dp,P ] = Analog_feature_extraction( mod_data)
%对模拟调制信号进行特征参数的提取
ori_fs = 100*1000;%采样频率
ori_fm = 500;       %信源频率
ori_fc = 2500*2;    %载波频率
fs = ori_fs;          %采样之后，系统的采样频率
%%%%%%%%%%%%%%%%%%%%%%%%%%%%%%%%%%%%%%%%%%%%%%%%%%%%%%%%%%%%%%%%%
```

图 15-12　Analog_feature_extraction.m 文件的主要代码

5．优化算法设计（选做）。

在本实验中，以支持向量机（SVM）算法替代 BP 神经网络算法，从识别正确率、运行时间等角度，对比模拟调制信号自动识别的 4 个特征参数值。

6．系统指标要求。

发射频率：900～1000 MHz，频率可以设置。

发射衰减：可设置，范围为 0～90 dB。

接收频率：900～1000 MHz，频率可以设置。

接收增益：可设置，范围为 0～40 dB。

样本数：可设置。

识别正确率：不低于 80%。

六、实验报告要求

1．记录已调模拟信号的时域波形及频域波形。

2．记录模拟调制方式及识别结果，观测有无识别错误的情况。

3．观测程序运行时间及识别正确率，记录是否所有调制方式的识别正确率均高于80%。

4．改进识别算法，对比 SVM 算法与 BP 神经网络算法在程序运行时间及识别正确率方面的差异（选做）。

七、思考题

1．分析程序识别正确率不能达到 100%的原因。

2．在调制信号中如果加入高斯白噪声，识别正确率将会有怎样的变化？

3．本实验的识别算法，适用于模拟信号的其他调制方式吗？为什么？

案例 16
基于软件无线电平台的数字
调制信号自动识别系统设计

一、实验目的

① 巩固移动通信的基础理论知识，将理论知识应用到实践中。

② 通过软硬件结合的方式，构建数字调制信号自动识别系统。

③ 掌握通过 LabVIEW 软件和软件无线电平台实现通信系统的方法。

二、预习要求

① 阅读实验讲义，了解通信信号数字调制方法。

② 根据实验要求，设计信号数字调制仿真内容。

三、实验器材

硬件平台：软件无线电平台、计算机；

软件平台：软件无线电平台集成开发软件、LabVIEW、MATLAB R2012b 及以上版本。

四、实验原理

1. 数字调制信号原理

数字调制是用数字基带信号对载波进行调制，在现代无线通信系统中应用广泛。数字调制相较于模拟调制，其优越性在于其抵抗干扰与信道损耗的能力更强，具有更高的安全性。本实验主要研究了 6 种数字调制方式的识别方法，分别为 2ASK、4ASK、2FSK、4FSK、BPSK、4PSK。

多进制幅移键控（MASK）是使用 M 种可能取值的多电平数字基带信号，对载波幅度进行调制的方式。MASK 调制的原理可通过式（16-1）描述。

$$s_{\text{MASK}}(t) = \sum_n a_n g(t - nT_s) \cos \omega_c t \qquad (16\text{-}1)$$

其中，$g(t - nT_s)$ 表示基带信号波形；T_s 表示码元的持续时间；a_n 表示第 n 个符号的值，a_n 的取值如下。

$$a_n = \begin{cases} A_1, & \text{发送概率为} P_1 \\ A_2, & \text{发送概率为} P_2 \\ \cdots \\ A_M, & \text{发送概率为} P_M \end{cases}, \quad \sum_{i=1}^{M} P_i = 1$$

当 $M = 2$ 和 $M = 4$ 时，MASK 调制成为 2ASK 和 4ASK，表达式分别如式（16-2）和（16-3）所示。

$$s_{\text{2ASK}}(t) = \sum_{n=1}^{2} a_n g(t - nT_s) \cos \omega_c t \qquad (16\text{-}2)$$

$$s_{\text{4ASK}}(t) = \sum_{n=1}^{4} a_n g(t - nT_s) \cos \omega_c t \qquad (16\text{-}3)$$

多进制频移键控（MFSK）是采用拥有 M 种不同载波频率的数字基带信号对载波进行调制的方式。当 $M = 2$ 和 $M = 4$ 时，MFSK 分别为 2FSK 和 4FSK，其表达式分别为式（16-4）和式（16-5）。

$$s_{\text{2FSK}}(t) = \sum_n a_n g(t - nT_s) \cos 2\pi f_1 + \sum_n a_{1n} g(t - nT_s) \cos 2\pi f_2 \qquad (16\text{-}4)$$

其中，$\sum_n a_n g(t - nT_s)$、$\sum_n a_{1n} g(t - nT_s)$ 表示二进制的基带信号，T_s 表示码元持续时间，$g(t)$ 表示幅度为 1 的矩形脉冲信号，f_1 和 f_2 分别为信号的载波频率。

$$s_{\text{4FSK}}(t) = \sum_n a_n g(t - nT_s) \cos 2\pi f_1 + \sum_n a_{1n} g(t - nT_s) \cos 2\pi f_2 + \\ \sum_n a_{2n} g(t - nT_s) \cos 2\pi f_3 + \sum_n a_{3n} g(t - nT_s) \cos 2\pi f_4 \qquad (16\text{-}5)$$

其中，$\sum_n a_n g(t - nT_s)$、$\sum_n a_{1n} g(t - nT_s)$、$\sum_n a_{2n} g(t - nT_s)$、$\sum_n a_{3n} g(t - nT_s)$ 表示四进制的基带信号，$g(t)$ 表示矩形脉冲信号，其脉冲宽度为 T_s，幅度为 1；f_1、f_2、f_3 和 f_4 分别表示信号的载波频率。

多进制相移键控（MPSK）是使用拥有 M 种不同相位信息的数字基带信号，对载波进行调制的方式。

当二进制相移键控码源信号的 "0" 和 "1" 分别用两个不同的初始相位 "0" 和 "π" 表示时，MPSK 调制成为 BPSK，信号的表达式如式（16-6）所示。

$$s_{\text{BPSK}}(t) = A \cos(\omega_0 t + \theta) \qquad (16\text{-}6)$$

其中，当发送 "0" 时，$\theta = 0$；发送 "1" 时，$\theta = \pi$；A 表示幅度，ω_0 表示载波频率。

当 $M=4$ 时，MPSK 成为 4PSK，表达式如式（16-7）所示。

$$s_{4\text{PSK}}(t)=\left[\sum_n g(t-nT_s)\cos\varphi_n\right]\cos\omega_c t-\left[\sum_n g(t-nT_s)\sin\varphi_n\right]\sin\omega_c t \tag{16-7}$$
$$=I(t)\cos\omega_c t-Q(t)\sin\omega_c t$$

与模拟调制识别方法类似，对于这 6 种数字调制方式，软件无线平台也提供了识别方法，其原理类似于图 15-1。

与案例 15 类似，针对数字调制方式，在基于零中心数据处理的条件下进行瞬时特征值提取，对接收信号进行特征值判断识别，继而识别出所采用的调制方式。这些特征值主要包括 5 个特征参数，分别为零中心归一化瞬时幅度之谱密度的最大值 $\gamma_{\max}$、零中心非弱信号段瞬时相位非线性分量绝对值的标准偏差 σ_{ap}、零中心非弱信号段相邻相位非线性分量差值的标准偏差 σ_{dp}、零中心归一化瞬时幅度绝对值的标准偏差 σ_{aa} 以及零中心归一化瞬时频率绝对值的标准偏差 σ_{af}。最后，利用 MATLAB 神经网络构建识别网络，用训练样本对网络进行训练后，最终判别信号的调制方式。

根据这 5 个特征参数进行数字调制信号识别的原理框图如图 16-1 所示。

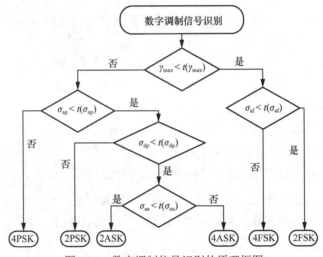

图 16-1　数字调制信号识别的原理框图

这 5 个特征参数的定义如下。

零中心归一化瞬时幅度之谱密度的最大值可通过式（16-8）表示。

$$\gamma_{\max}=\max\left\{\frac{\left[\text{FFT}(a_{\text{cn}}(i))^2\right]}{N_s}\right\} \tag{16-8}$$

其中，N_s 表示取样点数；$a_{\text{cn}}(i)$ 表示零中心归一化瞬时幅度，可用式（16-9）表示。

$$a_{\text{cn}}(i)=a_n(i)-1 \tag{16-9}$$

其中，$a_n(i) = a(i)/m_a$，$m_a = \dfrac{1}{N_s}\displaystyle\sum_{i=1}^{N}a(i)$。

零中心非弱信号段瞬时相位非线性分量绝对值的标准偏差可通过式（16-10）表示。

$$\sigma_{ap} = \sqrt{\frac{1}{c}\left(\sum_{a_n(i)>a_t}\varPhi_{NL}^2(i)\right) - \left(\frac{1}{c}\sum_{a_n(i)>a_t}\left|\varPhi_{NL}(i)\right|\right)^2} \tag{16-10}$$

其中，$\varPhi_{NL}(i) = \varphi(i) - \varphi_0$，$\varphi_0 = \dfrac{1}{N_s}\displaystyle\sum_{i=1}^{N_s}\varphi(i)$，$\varphi(i)$ 表示瞬时相位。

零中心非弱信号段相邻相位非线性分量差值的标准偏差可通过式（16-11）表示。

$$\sigma_{dp} = \sqrt{\frac{1}{c}\left(\sum_{a_n(i)>a_t}\varPhi_{NL}^2(i)\right) - \left(\frac{1}{c}\sum_{a_n(i)>a_t}\varPhi_{NL}(i)\right)^2} \tag{16-11}$$

零中心归一化瞬时幅度绝对值的标准偏差可通过式（16-12）表示。

$$\sigma_{aa} = \sqrt{\frac{1}{N_s}\left(\sum_{i=1}^{N_s}a_{cn}^2(i)\right) - \frac{1}{N_s}\left(\sum_{i=1}^{N_s}\left|a_{cn}(i)\right|\right)^2} \tag{16-12}$$

零中心归一化瞬时频率绝对值的标准偏差可通过式（16-13）表示。

$$\sigma_{af} = \sqrt{\frac{1}{c}\left(\sum_{a_n(i)>a_t}f_N^2(i)\right) - \left(\frac{1}{c}\sum_{a_n(i)>a_t}f_N(i)\right)^2} \tag{16-13}$$

这 5 个特征参数的作用分别如下。

γ_{max}：将信号{2ASK, 4ASK, 2PSK, 4PSK}和{2FSK, 4FSK}进行区分。

σ_{ap}：将{2ASK, 4ASK, 2PSK, 4PSK}调制信号中的 4PSK 信号进行区分。

σ_{dp}：将{2ASK, 4ASK, 2PSK}调制信号中的 2PSK 信号进行区分。

σ_{aa}：将{4ASK, 2ASK}调制信号中 2ASK 和 4ASK 进行区分。

σ_{af}：将{4FSK, 2FSK}调制信号中 2FSK 和 4FSK 进行区分。

2．程序设计流程

在软件无线电平台中，数字调制信号识别程序主要通过 LabVIEW 软件实现，其程序设计流程与模拟调制信号流程（如图 15-3 所示）类似，程序中所包含各模块的功能也类似，这里不再赘述。

五、实验内容及要点提示

1．数字调制信号自动识别系统软件设计。

【操作提示】

根据提供的 demo 程序，用 LabVIEW 软件设计数字调制信号自动识别程序。注：所有的程序都要保存在非中文路径下。

2．观测数字调制信号自动识别实验数据。

【操作提示】

（1）运行设计好的 LabVIEW 后台程序（或所提供的"AMR"模板程序），观测实验数据。

（2）在设计好的 LabVIEW 前面板中，录入计算机及软件无线电平台的 IP 地址。

（3）每台计算机及软件无线电平台的 IP 地址，在实验室组建局域网后都不相同，这里录入实际 IP 地址。界面如图 16-2 所示。

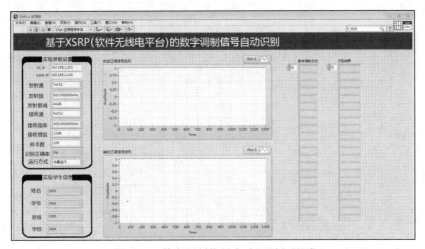

图 16-2　数字调制信号自动识别主界面

（4）切换"运行方式"为射频环回，查看识别正确率，结果如图 16-3 所示。

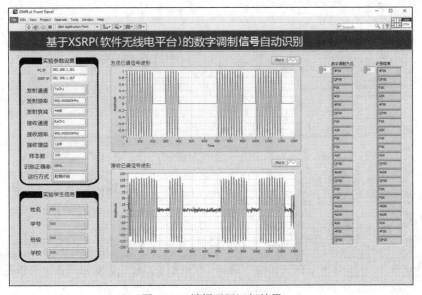

图 16-3　射频环回运行结果

3．根据提供的代码，识别信号的调制方式及统计识别正确率。

【操作提示】

对调制方式进行识别的过程主要分为两步。首先，提取调制数据的特征参数；然后，利用 BP 神经网络算法，根据训练样本进行仿真计算测试样本。本实验要求必须完成第一步提取特征参数部分，包括对以下 5 个特征参数的提取，即零中心归一化瞬时幅度之谱密度的最大值 γ_{max}、零中心非弱信号段瞬时相位非线性分量绝对值的标准偏差 σ_{ap}、零中心非弱信号段相邻相位非线性分量差值的标准偏差 σ_{dp}、零中心归一化瞬时幅度绝对值的标准偏差 σ_{aa} 及零中心归一化瞬时频率绝对值的标准偏差 σ_{af}。以下给出部分函数的代码。

（1）调制识别主函数 SDR_DMR_RFrev.m

此函数的路径位置为"\MATLABCode\SDR_DMR_RFrev.m"，主要代码如图 16-4 所示。

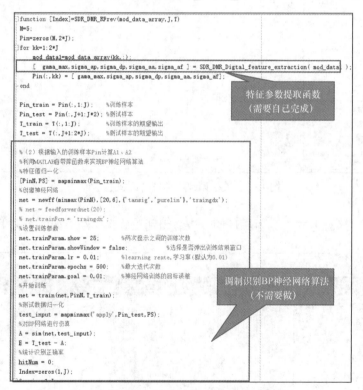

图 16-4　调制识别主函数 SDR_DMR_RFrev.m 的主要代码

（2）特征提取函数 SDR_DMR_Digtal_feature_extraction 说明

函数定义：

```
[gama_max, sigma_ap, sigma_dp, sigma_aa, sigma_af ] = SDR_DMR_Digtal_feature_
                                                extraction( mod_data )
```

函数位置：文件夹"SDR_DMR"下的"\MATLABCode\SDR_DMR_Digtal_feature_extraction"。

各子函数实现过程如下。

gama_max：零中心归一化瞬时幅度之谱密度的最大值，其主要代码如图 16-5 所示。

```matlab
%(1)计算：零中心归一化瞬时幅度之谱密度的最大值gama_max，
Ns = length(mod_data);
h1 = imag(hilbert(mod_data));      %频率成分移动90°后的信号
a = sqrt(mod_data.^2 + h1.^2);     %利用希尔伯特变换得到相移90°的信号，利用原信号和相移后的信号求瞬时幅度
ma = mean(a);                      %瞬时幅度的平均值
an = a./ma;
acn = an - 1;                      %零中心归一化瞬时幅度
tmp = abs(fft((acn).^2)/Ns);
gama_max = max(tmp);
```

图 16-5　gama_max 子函数的主要代码（数字调制信号）

sigma_ap：零中心非弱信号瞬时相位绝对值的标准偏差，其主要代码如图 16-6 所示。

```matlab
%%  (2)零中心非弱信号段瞬时相位非线性分量绝对值的标准偏差 sigma_ap
%%%瞬时相位
fai0 = atan2(h1,mod_data);         %利用原信号和相移后的信号求得瞬时相位
fai = unwrap(fai0);                %解相位重叠，瞬时相位

at = mean(an);                     %非弱信号段的幅度判决门限
anc_loc = find(abs(an)>at);        %找到非弱信号段的位置
anc = acn(anc_loc);                %找到非弱信号段瞬时幅度
C = length(anc_loc);

fai_r=fai;
fai_0 = mean(fai_r);
fai_NL = fai_r - fai_0;  %是实数
tmp1 = sum(fai_NL.^2)/C - (sum(abs(fai_NL))/C).^2;
sigma_ap = sqrt(tmp1);
```

图 16-6　sigma_ap 子函数的主要代码（数字调制信号）

sigma_dp：零中心非弱信号段相邻相位非线性分量差值的标准偏差，其主要代码如图 16-7 所示。

```matlab
%%  (3)零中心非弱信号相邻相位差值的标准偏差 sigma_dp
tmp2 = sum(fai_NL.^2)/C - (sum((fai_NL))/C).^2;
sigma_dp = sqrt(tmp2);
```

图 16-7　sigma_dp 子函数的主要代码（数字调制信号）

sigma_aa：零中心归一化瞬时幅度绝对值的标准偏差，其主要代码如图 16-8 所示。

```matlab
%%  (4)计算：零中心归一化瞬时幅度绝对值的标准偏差 sigma_aa
%acn 为瞬时幅度
tmp4 = sum(acn.^2)/Ns - (sum(abs(acn))/Ns).^2;
sigma_aa = sqrt(tmp4);
```

图 16-8　sigma_aa 子函数的主要代码

sigma_af：零中心归一化瞬时频率绝对值的标准偏差，其主要代码如图 16-9 所示。

```
%% (5)计算：零中心归一化瞬时频率绝对值的标准偏差 sigma_af
%  fai 瞬时相位
fN0=fs*fai(1,1)/(2*pi);
fN1=fs*diff(fai)/(2*pi);%瞬时频率，对瞬时相位微分
fN1=[fN0,fN1];
 fN = fN1(anc_loc);
tmp5 = sum(fN.^2)/C - (sum(abs(fN))/C).^2;
sigma_af = sqrt(tmp5);
```

图 16-9　sigma_af 子函数的主要代码

4．自主设计部分程序。

自主编写实现数字调制特征参数提取程序文件——SDR_DMR_Digtal_feature_extraction.m。

【操作提示】

函数定义：function [gama_max, sigma_ap, sigma_dp, sigma_aa, sigma_af] = SDR_DMR_Digtal_feature_extraction (mod_data)。

函数输入：mod_data：数字已调信号数据。

函数输出：gama_max 表示零中心归一化瞬时幅度之谱密度的最大值；

　　　　　sigma_ap 表示零中心非弱信号段瞬时相位非线性分量绝对值的标准偏差；

　　　　　sigma_dp 表示零中心非弱信号段相邻相位非线性分量差值的标准偏差；

　　　　　sigma_aa 表示零中心归一化瞬时幅度绝对值的标准偏差；

　　　　　sigma_af 表示零中心归一化瞬时频率绝对值的标准偏差。

主要代码如图 16-10 所示。

图 16-10　SDR_DMR_Digtal_feature_extraction.m 文件的主要代码

5．优化算法设计（选做）。

在本实验中，以 SVM 算法替代 BP 神经网络算法，从识别正确率、运行时间等角度对比数字调制信号自动识别的 5 个特征参数值。

6．系统指标要求。

发射频率：900～1000 MHz，频率可以设置。

发射衰减：可设置，范围为 0～90 dB。

接收频率：900～1000 MHz，频率可以设置。

接收增益：可设置，范围为 0～40 dB。

样本数：可设置。

识别正确率：不低于 80%。

六、实验报告要求

1．记录已调数字信号的时域波形及频域波形。

2．记录数字调制方式及识别结果，观测有无识别错误的情况。

3．观测程序运行时间及识别正确率，记录是否所有调制方式的识别正确率均高于80%。

4．改进识别算法，对比 SVM 算法与 BP 神经网络算法，在程序运行时间及识别正确率的差异（选做）。

七、思考题

1．分析程序识别正确率不能达到 100%的原因。

2．在调制信号中如果加入高斯白噪声，识别正确率将会有怎样的变化？

3．对比模拟调制信号自动识别系统和数字调制信号自动识别系统的指标，哪种系统的识别正确率高？为什么？

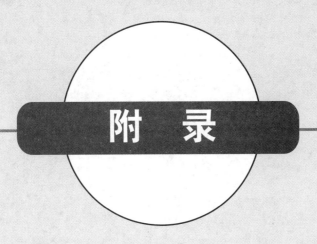

附　录

附录 A
软件定义的无线电基础知识

1. 软件无线电概念

软件无线电的定义主要有两种，一种定义是由软件无线电概念的发明者 Joseph Mitola Ⅲ 博士提出的，即软件无线电是多频段无线电，具有宽带的天线、射频前端、模数/数模变换功能，能够支持多个空中接口和协议，在理想状态下，所有方面（包括空中接口）都可以通过软件来定义。另一种定义由软件无线电论坛给出，即软件无线电是一种新型的无线电体系结构，它通过硬件和软件的结合使无线网络和用户终端具有可重配置能力。软件无线电提供了一种建立多模式、多频段、多功能无线设备的有效且经济的解决方案，可以通过软件升级实现功能提升。软件无线电可以使整个系统（包括用户终端）和网络采用动态的软件编程对设备进行重配置，换句话说，相同的硬件可以通过软件定义来完成不同的功能。

最初，软件无线电的提出是为了解决无线电通信过程中的互通性问题，典型的软件无线电系统结构如图 A-1 所示。

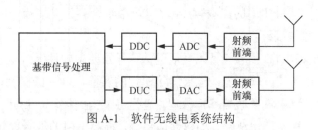

图 A-1 软件无线电系统结构

软件无线电的特点是将宽带模数转换器（ADC）及数模转换器（DAC）尽可能地靠近射频天线，应用专用或者通用可编程的数字信号处理器（DSP），实现数字下变频（DDC）、数字上变频（DUC）和基带信号处理等操作，建立一个具有"ADC-DSP-DAC"模型的通用的、开放的硬件平台。在这个硬件平台上尽量利用软件技术来实现各种功能模块，例如使用宽带 ADC 模块时，通过可编程数字滤波器对信道进行分离，通过软件编程来实现各种通信频段的选择、信息抽样、量化、编码/解码、运算处理和变换，以及实现不同信道调制方式的选择和不同保密结构、网络协议和控制终端功能等。

软件无线电的基本特点可以概括为以下几个方面。

天线智能化：支持具有自适应能力的智能天线技术。

前端宽开化[1]：软件无线电的射频前端能够在足够宽的频段工作。

硬件通用化：硬件模块或平台采用通用器件，是功能软件化的基础或前提。

功能软件化：由硬件定制功能转向用软件定制功能。

软件构件化：软件无线电的功能软件必须按照模块化、可重构、能升级的要求来设计、编程和调用。

理想的软件无线电能够适用于任意一种调制器、编码器、指定信道带宽的射频信道协议。

2．软件无线电技术用于实验教学

电子信息类专业的实验教学，比较常见的做法是采用实验箱，开展以验证性实验为主的实验。但由于实验箱硬件相对固化，无法开展更多的设计性、综合性、创新性实验。另外，通信原理、移动通信、无线通信等课程，大多采用抽象的讲授方法，更强调理论，如果实践环节不能与时俱进，会导致理论和实际应用间的差异越来越大。理论越抽象，就越依赖模拟教学（模拟教学是相对于真实的通信系统而言的，通常基于一定的简化和假设条件，对一些重要的实际问题未能有所体现）的方式来验证理论。理论和实际的差异日趋明显，加上对模拟教学的依赖，导致学生无法将学到的知识快速应用到一个真正的通信系统中。

采用软件无线电平台开展实验，可以使学生在实验室环境下快速构建并验证自行设计的通信系统，而且还能通过软件的交互性界面帮助学生更形象地理解理论知识，让学生能够从零散知识点的学习验证上升到自己构建通信系统的层面。

采用软件无线电平台开展实验，学生更关注的是算法的设计与实现，关注通信系统的构建与调试，而不用担心复杂的模拟前端，软件无线电平台只是作为无线通信的基本平台，许多通信功能是由软件来实现的，这样学生可以自由组合各种功能模块完成信号的发送与接收，实现真实的通信系统。

近年来，越来越多的高校顺应技术发展趋势，开始使用软件无线电平台，开展通信原理、移动通信、无线通信、软件无线电技术等课程的实验，以及课程设计、综合设计、毕业设计，有利于学生深入掌握通信基本原理，进行可重构的模块化设计，模拟通信收发机制和信道模型，快速搭建通信链路，构建通信系统，提高学生的综合设计能力和工程实践能力，为未来发展打下坚实的基础。

---

[1] 前端宽开化：软件无线电系统的射频部分设计为宽开的，这意味着该系统可以接收从 1G 到 4G，甚至 5G 等不同频段的信号。

附录 B

XSRP 平台简介

1. 平台简介

可扩展的软件无线电平台（XSRP）是武汉易思达科技有限公司推出的一款硬件功能强大、软件架构灵活、实验案例丰富的针对实验教学的产品，如图 B-1 所示。

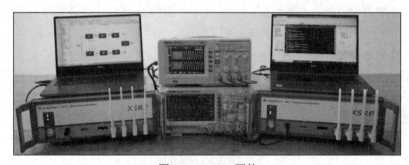

图 B-1　XSRP 硬件

XSRP 采用"FPGA + DSP + 射频收发器"的软件无线电架构，通过标准的千兆以太网接口和计算机通信，计算机上的应用程序不需要单独的驱动程序，可以直接通过网口和 XSRP 设备进行数据交互。

XSRP 定位于实验教学，在架构上更加灵活，既有通用软件无线电平台所具有的 FPGA 和射频收发模块，还有专为教学而设计的 DSP、ADC、DAC 等基带处理单元，可以将基带数据转换后输出到示波器上，通过示波器观测实验过程和实验结果数据，更加直观，更便于学生理解。

XSRP 采用射频捷变收发器，能够实现 70 MHz～6 GHz 射频信号的发射与接收（可支持 2 发 2 收），信道的带宽可调（200 kHz～56 MHz），且支持 FDD 和 TDD 两种模式。

XSRP 通过创新设计，将集成开发软件、软件无线电平台硬件、示波器等有机结合，以软硬结合、虚实结合的方式，构建了从基础实验到综合设计的立体实验体系，主要面向电子信息类专业的专业课程实验及各类综合设计。

XSRP 将软件无线电技术应用到通信原理、移动通信、数字信号处理、无线通信、软件无线电、5G 移动通信等课程的实验教学及课程设计、综合设计、专业设计、创新开发等综合应用环节，通过可升级、可替换的软件和可编程的硬件，构建多种无线通信系统，提供了一个功能强大、软硬件开放、案例丰富的多功能实验教学平台。

XSRP 具有以下特点。

（1）开发方式灵活：教师/学生可以灵活选择，既可以采用 LabVIEW 进行开发，也可以采用 MATLAB 进行开发，或者选择 LabVIEW/MATLAB 进行混合开发，还可以直接对 FPGA/DSP 进行开发。一般而言，MATLAB、LabVIEW 适合算法的开发和验证，FPGA、DSP 适合工程应用或对性能有要求的场合。

（2）软硬件资源开放：输出 FPGA 和 DSP 的下载接口，可以直接对其进行编程；ADC、DAC、射频、时钟等硬件资源，以标准接口形式输出，可以外接；提供基于 LabVIEW 和 MATLAB 的网络通信协议，方便进行二次开发。

（3）虚实结合：通过创新设计，将集成开发软件、软件无线电平台硬件、示波器等有机结合，集成开发软件可以图形化结果展示，示波器可以观测实验过程和实验结果数据，虚实结合，更加直观。

（4）实验案例丰富：针对通信原理、移动通信、数字信号处理、光纤通信、无线通信、软件无线电技术等课程，设计了一系列实验案例。根据实验项目分类、实验内容分级、实验方式创新，将实验分为基础性、设计性和综合性 3 类，同时采用"出题""连线""填空"等实验方式，使实验案例更加符合学生的认知逻辑。

（5）支持虚拟远程："电子信息虚拟仿真与在线实境实验软件"可通过互联网远程预约、远程控制 XSRP，实现无线收发、示波器波形本地观测等功能，实现同线下实验一样的实验效果，改变时间和空间对实验的限制，让学生可以随时随地地做实验，构建"线上 + 线下"融合的实验新模式。

2．平台组成

如图 B-2 所示，XSRP 由数字基带部分、宽带射频部分及集成开发软件组成。

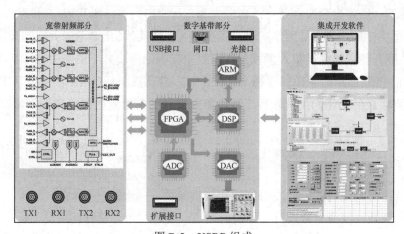

图 B-2　XSRP 组成

（1）数字基带部分

XSRP 的数字基带部分由 FPGA 单元、DSP 单元、ARM 单元、ADC 单元、DAC 单元、扩展接口单元等模块组成，各单元的主要组成、技术参数和功能如下。

FPGA 单元：采用的是 Altera 公司的 Cyclone IV GX 系列 EP4CGX75，包括 73920 LE、4620 LAB，数据速率为 3.125 Gbit/s，最大工作频率为 200 MHz。FPGA 是整个数字基带部分的核心，主要实现数据转发、算法实现及上下位机通信等功能。

DSP 单元：采用的是 TI 公司的 TMS320VC5416，具有 3 条独立的 16 位数据存储器总线和 1 条程序存储器总线；40 位算术逻辑单元（ALU）包括一个 40 位桶形移位器和 2 个独立的 40 位累加器；17 × 17 位并行乘法器耦合到一个 40 位专用累加器中，用于非流水线单周期乘法/累加操作；配有 128 kbit/s × 16 位片上 RAM、16 kbit/s × 16 位片上 ROM；具有 8 Mbit/s × 16 位最大可寻址外部程序空间。DSP 主要完成数字信号处理课程实验，移动通信协议栈算法处理及复杂的数字信号处理算法，DSP 的外围分别连接到 ARM 和 FPGA。

ARM 单元：采用的是 NXP 公司的 LPC2138，包括 32 KB RAM、512 KB Flash、2 个 8 位 ADC、1 个 10 位 DAC。ARM 主要实现与集成开发软件通信，通过集成开发软件对射频参数进行配置。

ADC 单元：采用 ADI 公司的 AD9201，双通道，10 bit，20 MS/s[1]，主要作为扩展功能使用，可以外接信号输入。

DAC 单元：采用 ADI 公司的 AD9761，双通道，10 bit，40 MS/s，主要实现数/模转换功能，数据来自 FPGA，转换后可以输出到示波器上。

时钟单元：为各模块提供工作时钟，默认为 26 MHz。

扩展接口单元：包括 FPGA/DSP 下载接口、通用输入/输出（GPIO）接口、光接口、网口、射频接口、内部参考时钟输出接口、内部同步信号输出接口、外部参考时钟输入接口、外部同步信号输入接口、DAC 通道输出接口、ADC 通道输入接口。

（2）宽带射频部分

XSRP 的宽带射频部分采用 Analog Devices 公司的 AD9361，支持 2 发 2 收，实现了一个 2×2 MIMO。AD9361 内部结构如图 B-3 所示。

AD9361 是一款面向 3G 和 4G 基站应用的高性能、高集成度的射频捷变收发器，工作频率范围为 70 MHz～6.0 GHz，支持的通道带宽范围为 200 kHz～56 MHz。该器件集射频前端与灵活的混合信号基带部分为一体，集成频率合成器，为处理器提供可配置数字接口，支持频分双工和时分双工模式。

AD9361 每个接收子系统都拥有独立的自动增益控制（AGC）、直流失调校正、正交校正和数字滤波功能，从而消除了在数字基带中提供这些功能的必要性。AD9361 还拥有灵活的手动增益模式，支持外部控制。每个接收通道搭载两个高动态范围 ADC，先将接收到的

---

[1] MSPS，million samples per second，每秒采样百万次，作为单位的形式为 MS/s。

I路信号和Q路信号进行数字化处理,然后传至可配置抽取滤波器和128抽头有限冲激响应（FIR）滤波器,结果以相应的采样率生成12 bit输出信号。

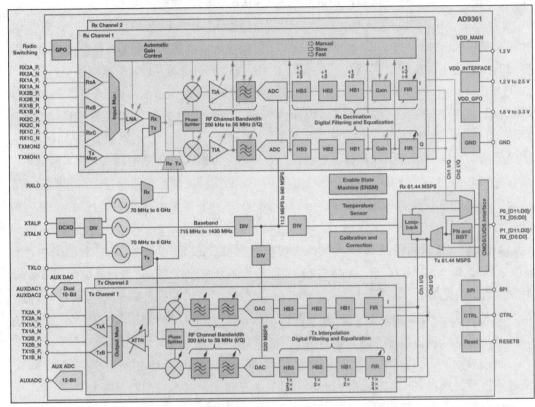

图B-3　AD9361内部结构

注：图中各参数的中文和含义请查阅 AD9361 使用手册。

　　AD9361 的发射器含有两个独立控制的通道 I 和通道 Q,每个通道含有两个输出通道 TX（A、B）。通道提供了所需的数字处理、混合信号和射频模块,能够形成一个直接变频系统,同时共用一个通用型频率合成器。从基带处理器接收到的数据进入 FIR 滤波器,经 FIR 滤波器发送到插值滤波器中,实现细致的滤波和数据速率插值处理,然后进入 DAC,每个 DAC 都拥有可调的采样速率,最后信号通过 I、Q 两路通道进入射频模块,进行上变频。

　　（3）集成开发软件

　　XSRP 为了更好地配合实验教学,配有专门的集成开发软件,集上下位机通信、射频参数配置、网络参数配置、FPGA 参数配置、硬件参数配置、虚拟仿真、波形输出、软件编程等功能于一体,界面友好,直观形象,操作方便。集成开发软件按照实验课程、主要章节、实验项目的顺序,以三级目录树形式展现,单击相应实验项目,即可进入实验界面。软件可直接调用 MATLAB 进行程序编写,并提供了硬件接口函数,方便使用,图 B-4、图 B-5 分别展示了集成开发软件界面和射频参数配置界面。

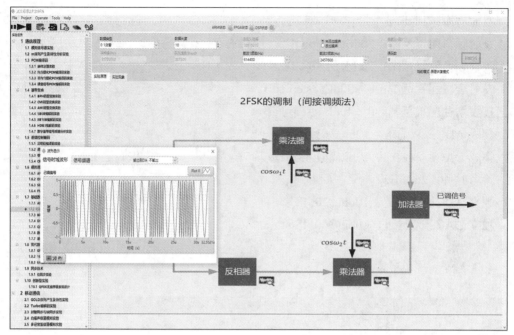

图 B-4   集成开发软件界面

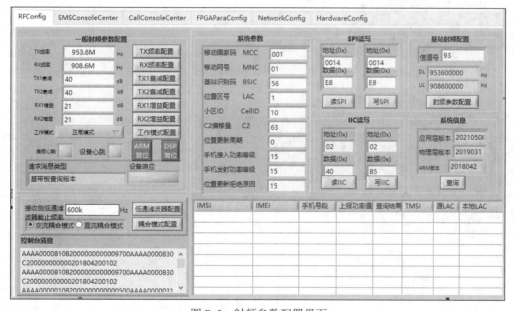

图 B-5   射频参数配置界面

（4）技术参数

射频频段：70 MHz～6.0 GHz。

射频通道：2 路发射 2 路接收。

可调谐通道带宽：200 kHz～56 MHz。

发射功率：16 dBm。

发射频率配置范围：70 MHz～6 GHz，步长为 1 Hz。

接收频率配置范围：70 MHz～6 GHz，步长为 1 Hz。

发射衰减配置范围：0～90dB@step 1dB。

接收增益配置范围：0～40dB@step 1dB。

集成 ADC：双通道，12bit@61.44MS/s。

集成 DAC：双通道，12bit@61.44MS/s。

参考时钟：26 MHz。

独立 ADC：双通道，10bit@20MS/s。

独立 DAC：双通道，10bit@40MS/s。

附录 C
4G 移动互联网创新实验开发平台简介

1. 产品简介

4G 移动互联网创新实验开发平台如图 C-1 所示，是一个综合性、创新性的多功能教学设备。该平台采用"模块化 + 平台化"的设计思路，其硬件全部采用标准的模块化设计，组合在一起可以完成系统实验，分开则是不同的具有完整功能的独立模块。

图 C-1 4G 移动互联网创新实验开发平台

2. 功能框图

4G 移动互联网创新实验开发平台的功能框架如图 C-2 所示。

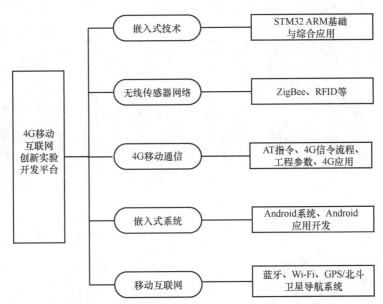

图 C-2　4G 移动互联网创新实验开发平台的功能框架

3．系统组成

4G 移动互联网创新实验开发平台的结构如图 C-3 所示。

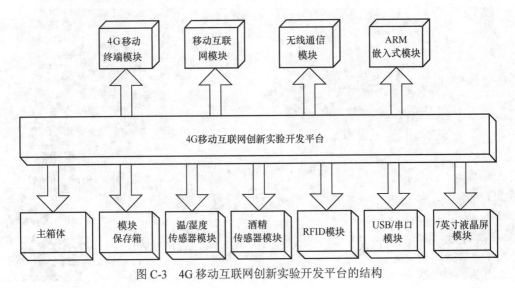

图 C-3　4G 移动互联网创新实验开发平台的结构

4．硬件简介

（1）ARM A9 嵌入式模块

核心板硬件参数：

① 采用三星 Exynos4412 芯片，基于 Quad Cortex-A9 架构，运行主频可达 1.5 GHz；

② 配备 1GB DDR3 RAM @400 MHz，32 bit 数据总线；

③ 配备 4GB eMMC 闪存；

④ 配备 2 × 60 pin 2.0 mm 间距 DIP（双列直插封装）连接器；

⑤ 配备 2 × 34 pin 2.0 mm 间距 DIP 连接器；

⑥ 配备 4 个 GPIO 控制可编程 LED；

⑦ 供电范围为 2～6 V；

⑧ 其为 8 层高密度印制电路板，采用沉金工艺生产。

底板硬件参数：

① 具备 1 个 RS-232 串行接口，采用 DB9 串行接口座；

② 具备 3 个 TTL 串行接口，采用 4 pin 2.54 mm 间距单排针；

③ 具备 1 路 SPI（串行外设接口），采用 6 pin 2.54 mm 间距单排针；

④ 具备 1 路 IIC（集成电路总线接口），采用 4 pin 2.54 mm 间距单排针；

⑤ 具备 1 个 USB device 接口，采用 microUSB 接口座；

⑥ 具备 3 个 USB host 接口，其中 2 个采用 A 型口，1 个采用 4 pin 2.54 mm 间距单排针；

⑦ 具备 1 个 HDMI（高清多媒体接口）；

⑧ 具备 1 路音频输入/输出接口；

⑨ 具备 1 个以太网接口，采用 DM9621 网卡芯片，10 Mbit/s、100 Mbit/s 自适应；

⑩ 具备 4 个实体按键；

⑪ 具备 1 个 RTC（实时时钟）备份电池；

⑫ 具备 1 路 PWM（脉冲宽度调制）控制蜂鸣器输出；

⑬ 具备 1 个麦克风输入；

⑭ 具备 1 个 G-sensor（重力传感器）；

⑮ 具备 1 路在板 ADC 可调电阻，用于测试 CPU 自带 AD 转换；

⑯ 具备 1 个 SDIO（安全数字输入/输出）扩展口，包含 1 路 SDIO、2 路 GPIO、1 路 UART；

⑰ 具备 1 个 SD 卡接口；

⑱ 具备 1 个 CMOS Camera 接口；

⑲ 具备 2 个 LCD 接口座，支持一线触摸、背光可调，支持电容触摸屏；

⑳ 具备 2 个拨动开关，其中 1 个电源开关、1 个启动选择开关；

㉑ 配置 1 个蓝牙模块、Wi-Fi 模块扩展接口。

（2）高清液晶屏模块

① 配置 7 英寸高清 IPS（平面转换）显示屏，分辨率为 1280 像素× 800 像素；

② 配置多点触控电容屏，采用纯平屏幕设计，用户体验更佳；

③ 自带液晶屏保护，便于学生做实验；

④ 具备 3 个虚拟按键。

（3）4G 移动终端模块

4G 移动终端模块采用主流的 LTE 数字基带芯片方案，模块内置 2G/3G/4G 终端协议栈，可支持 TD-LTE、FDD-LTE、TD-SCDMA、GGE 等多种通信标准，支持中国移动、中国联通和中国电信 4G 通信，支持实验室内网 4G 通信，支持 GGE/TD-SCDMA/FDD-LTE/TD-LTE 多模制式自动和手动切换。

4G 移动终端模块支持包括语音、LTE 等在内的全业务承载功能，并提供完整的测试方案和软件工具。

（4）无线通信模块

无线通信模块包括底板、3.5 英寸液晶屏、传感器模块固定区、无线通信模块固定区和 4G 移动终端模块固定区。主板基于 STM32F407 ARM 嵌入式处理器设计，包含 GPS 和北斗卫星导航系统、Wi-Fi 和蓝牙。

底板通过插针引出处理器全部 I/O 接口，另外还有电源接口、USB-TTL 接口、USB-slave 接口、USB-host 接口、串口、TF 卡接口、200 万像素摄像头接口、CC2530 下载接口、传感器下载接口、CAN 接口、RS-485 接口、蜂鸣器、继电器、红外接收头、5 个按键等硬件资源；3.5 英寸液晶屏采用全包型钢框设计，分辨率为 480 像素×320 像素，支持高速硬件 SPI 串行通信。

传感器模块固定区采用可插拔式设计，包括温/湿度传感器模块、高频 RFID 模块；提供可插拔的 CC2530 ZigBee 模块。

无线通信模块固定区有 3 个独立可插拔的模块，即 Wi-Fi 子模块、GPS/北斗卫星导航系统子模块和蓝牙子模块。

Wi-Fi 子模块内置 TCP/IP 协议栈，能够实现串口、以太网、Wi-Fi 这 3 个接口之间的任意透明转换，支持无线工作在 AP 模式和节点（station）模式，实现真正的硬件 AP，提供两个网口，即一个 USB 接口和一个串口。

GPS/北斗卫星导航系统子模块采用 M220-III 模块设计，支持 GPS 和北斗两种卫星导航系统，包括电源接口、串口、USB 接口、天线接口等，可以单独使用，模块还有电源指示灯和定位状态指示灯，提供两种以上搜星软件。

蓝牙子模块采用 CC2541 方案，包含 32 MHz 和 32.768 kHz 晶体振荡器，支持板载天线及微型型号 A（SMA）天线接口，提供温/湿度传感器、光照传感器、JTAG 下载接口等硬件资源。

（5）高频 RFID 模块

RFID 模块采用 MF RC522 芯片设计，该芯片是应用于非接触式通信中高集成度读/写卡系列的芯片，利用先进的调制解调技术，完全集成了所有类型的被动非接触式通信方式和协议，支持 ISO 14443A 的多层应用，其内部发送器部分可驱动读写器天线与 ISO 14443A/MIFARE 卡和应答机的通信，不需要其他电路，接收器部分提供一个坚固而有效的解调和解码电路，用于处理 ISO 14443A 兼容的应答器信号。

（6）温/湿度传感器模块

温度参数如下。

分辨率：16 bit。

重复性：±1℃。

精度：25℃ ±2℃。

响应时间：测量温度的输出信号达到 63%所需的时间为 10 s。

湿度参数如下。

分辨率：16 bit。

重复性：±1% RH。

精度：25℃ ±5% RH。

响应时间：测量湿度的输出信号达到 25 ℃（额定值的 63%）所需的时间为 6 s。

迟滞：<±0.3% RH。

稳定性：<±0.5% RH/y[1]。

模块采用标准接口设计，可以任意插拔、更换，也可以用在其他地方。

（7）酒精传感器模块

主要参数如下。

检测气体：酒精蒸气。

检测浓度：0.04～4 mg/L。

敏感体电阻：1Ω～20 kΩ。

响应时间：≤10s（70%）。

加热电阻：31 Ω ±3 Ω。

加热电流：≤180 mA。

加热电压：5.0 V ± 0.2 V。

模块采用标准接口设计，可以任意插拔、更换，也可以用在其他地方。

（8）USB/串口模块

主要参数如下。

转换芯片：MAX232。

USB 接口：1 个。

DB9 串行接口：1 个。

转换方式：短路块。

5．软件简介

（1）4G 移动通信协议分析软件

4G 移动通信协议分析软件界面如图 C-4 所示，该软件可以实时观测 4G 移动终端和

---

[1] RH，relative humidity，相对湿度。RH/y 是相对湿度每年变化率的单位形式。

基站之间的通信状态，可以实时捕获入网、语音通话、短信收发、上网、高速上传、高速下载、在线视频等操作对应的 Uu 接口信令，分析其实现过程，培养学生掌握各种通信业务下的信令流程。4G 移动通信协议分析软件支持回放，可以将捕获的信令以设定的回放速度再回放一遍，便于详细分析信令的内容。

该软件提供信令流程跟踪功能，满足系统测试、场外测试等阶段对终端的基本测试、分析，对一些基本信令流程，学生能自己进行分析，同时可以根据保存的 Log（日志）文件，借助其他工具进行更深层次的分析。

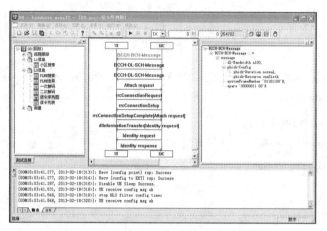

图 C-4　4G 移动通信协议分析软件界面

（2）4G 移动终端应用软件

4G 移动终端应用软件界面如图 C-5 所示，用于测试 AT 命令的发送，采用串行结构，通过一定的连接设置后，用户可以发送 AT 命令至 UE 侧，并在 Log 窗口显示执行情况。同时，也支持编写自动化测试脚本，执行性能测试。

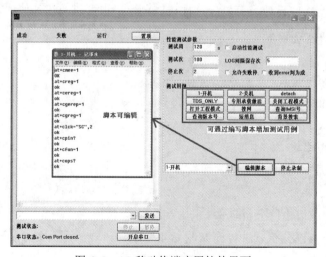

图 C-5　4G 移动终端应用软件界面

　　4G 移动终端应用软件可实现发送单条 AT 命令、功能测试脚本管理、编写测试脚本、发送短信、频点/小区锁定等功能，设计灵活。老师既可以让学生编写脚本，也可以让学生根据该软件自己编写应用程序。

　　（3）4G 移动终端工程参数分析软件

　　4G 移动终端工程参数分析软件基于 LabVIEW 软件开发，可以实时显示 4G 移动终端模块当前服务小区、邻区的各种工程参数，以培养学生对终端工作原理的深入理解。该软件涉及的工程参数如下。

　　① Scell ID Info（服务小区 ID 信息）

- DL_freq_info：下行频点。
- Phy_cell_id：LTE 物理小区 ID。
- DL_bandwidth：下行带宽。
- UL_freq_info：上行频点。
- UL_bandwidth：上行带宽。

　　② Scell SIB info（服务小区 SIB 信息）

- Cell_identity：服务小区 ID。
- Freq_band：服务小区所属频段号。
- Cell_bar：服务小区是否被禁止。
- LTE_ul_cp_type：上行循环前缀配置。
- LTE_p_max：允许的最大发射功率。
- TDD_Config：TDD 上行子帧配比。
- PLMN_ID：移动国家（地区）码（MCC）和移动网络代码（MNC）号。

　　③ Intraf_ncell_info（同频邻区测量信息）

- Intraf_ncell_num：同频邻区个数。
- Physical Cell identity：物理小区 ID。
- Ncell_RSRP：参考信号接收功率。
- Ncell_RSRQ：参考信号接收质量。

　　④ Interf_ncell_info（异频邻区测量信息）

- Interf_ncell_num：异频邻区个数。
- Physical Cell identity：物理小区 ID。
- Ncell_RSRP：参考信号接收功率。
- Ncell_RSRQ：参考信号接收质量。

　　⑤ Scellmeas_info：服务小区 PDSCH 测量信息

- Phy_cell_id：LTE 物理小区 ID。
- CRS_RSRP：服务小区的参考信号接收功率。
- RSRQ：服务小区参考信号接收质量。

此外，该软件还涉及以下工程参数。

T3412：EPS 注册成功的定时器值。

Tac_value：跟踪区域码值。

（4）4G 智能手机通信软件

ARM 嵌入式模块、高清液晶屏模块和 4G 移动终端模块，整合后可以设计出一部 4G 智能手机，实现入网、短信收发和上网功能，4G 智能手机通信软件提供入网、收发短信和上网功能的 Android 应用及源码。

（5）Android 应用

Android 应用是基于 Android 操作系统开发的程序，提供了包括文件管理器、音乐播放器、闹钟等应用范例。学生也可自行编写基于 Android 操作系统的各种应用，在 ARM 嵌入式模块上进行验证。

缩略语

中文	英文全称	英文缩写
多径效应	multipath effect	
全球移动通信系统	global system for mobile communications	GSM
四相移相键控	quadrature phase shift keying	QPSK，4PSK
第二代卫星数字视频广播标准	digital video broadcasting-satellite-second generation	DVB-S2
双相移健控	binary phase shift keying	BPSK，2PSK
不归零	non-return to zero	NRZ
复杂可编程逻辑器件	complex programming logic device	CPLD
信噪比	signal-to-noise ratio	SNR
正交调幅	quadrature amplitude modulation	QAM
直接序列码分多址	direct sequence code-division multiple access	DS-CDMA
并行级联卷积码	parallel concatenated convolutional code	PCCC
直接序列扩频	direct sequence spread spectrum	DSSS
伪噪声	pseudo-noise	PN
宽带码分多址	wideband code division multiple access	WCDMA
正交可变扩频因子	orthogonal variable spreading factor	OVSF
[GSM]用户标志模块	subscriber identify module	SIM
国际移动用户标志	International mobile subscriber identity	IMSI
时分同步码分多路访问	time division-synchronous code division multiple access	TD-SCDMA
增强型全球移动通信系统	extended global system for mobile	EGSM
长期演进	long term evolution	LTE
时分双工	time-division duplex	TDD
GGE	GSM、GPRS、EDGE	
高速下行链路分组接入	highspeed downlink packet access	HSDPA
高速上行链路分组接入	highspeed uplink packet access	HSUPA

中文	英文全称	英文缩写
重发否定确认	negative acknowledge	NACK
自动目标识别	automatic target recognition	ATR
先入先出	first in first out	FIFO
通用异步接收发送设备	universal asynchronous receiver/transmitter	UART
自动频率控制	automatic frequency control	AFC
用户设备	user equipment	UE
无线资源控制	radio resource control	RRC
移动管理实体	mobility management entity	MME
演进的无线接入承载	evolved radio access bearer	E-RAB
移动国家（地区）码	mobile country code	MCC
移动设备网络代码	mobile network code	MNC
公共陆地移动网	public land mobile network	PLMN
闭合用户组	closed subscriber group	CSG
下行链路频率信息	down link frequency information	
物理小区标识	physical cell identifier	PCI
主同步信号	primary synchronization signal	PSS
辅同步信号	secondary synchronization signal	SSS
下行链路带宽	down link bandwidth	
天线端口数	antenna port number	
多进多出	multiple-in multiple-out	MIMO
上行链路频率信息	up link frequency information	
上行链路带宽	up link bandwidth	
正交频分复用	orthogonal frequency division multiplexing	OFDM
频分复用	frequency-division multiplexing	FDM
符号间干扰	intersymbol interference	ISI
光信道间干扰	inter channel interference	ICI
现场可编程门阵列	field programmable gate array	FPGA
集成电路总线	inter-integrated circuit	IIC
码分多址	code-division multiple access	CDMA
宽带码分多址	wideband CDMA	WCDMA
循环冗余检验	cyclic redundancy check	CRC
发射功率控制	transmit power control	TPC

续表

中文	英文全称	英文缩写
传输格式组合标识符	transport format combination indicator	TFCI
递归系统卷积码	recursive system convolutional	RSC
频分多址	frequency-division multiple access	FDMA
时分多址	time-division multiple access	TDMA
公共导频信道	common pilot channel	CPICH
循环延迟分集	cyclic delay diversity	CDD
离散傅里叶变换	discrete Fourier transform	DFT
调幅	amplitude modulation	AM
调频	frequency modulation	FM
单边带	single sideband	SSB
上边带	upper sideband	USB
下边带	lower sideband	LSB
残留边带	vestigial sideband	VSB
双边带	double sideband	DSB
反向传播	back propagation	BP
支持向量机	support vector machine	SVM
模数转换器	analog-to-digital converter	ADC
数模转换器	digital-to-analog converter	DAC
数字信号处理器	digital signal processor	DSP
数字下变频	digital down converter	DDC
算术逻辑单元	arithmetic and logic unit	ALU
通用输入输出	general-purpose input/output	GPIO
自动增益控制	automatic gain control	AGC
双列直插封装	dual in-line package	DIP
串行外设接口	serial peripheral interface	SPI
实时时钟	real_time clock	RTC
脉冲宽度调制	pulse width modulation	PWM
安全数字输入/输出	secure digital input and output	SDIO
平面转换	in-plane switching	IPS

参考文献

[1] 张承畅, 刘忠成, 谢显中, 等. 软件无线电技术实验教程[M]. 北京: 电子工业出版社, 2022.

[2] 蔡跃明, 吴启晖, 田华, 等. 现代移动通信[M]. 4 版. 北京: 机械工业出版社, 2017.

[3] 谭祥, 余晓玫, 霍佳璐, 等. 移动通信技术[M]. 2 版. 西安: 西安电子科技大学出版社, 2020.

[4] 李建东, 郭梯云, 邬国扬. 移动通信[M]. 5 版. 西安: 西安电子科技大学出版社, 2021.

[5] 陈威兵, 张刚林, 冯璐, 等. 移动通信原理[M]. 2 版. 北京: 清华大学出版社, 2019.

[6] 啜钢, 王文博, 王晓湘, 等. 移动通信原理与系统[M]. 5 版. 北京: 北京邮电大学出版社, 2022.

[7] 章坚武, 姚英彪, 骆懿. 移动通信实验与实训[M]. 2 版. 西安: 西安电子科技大学出版社, 2017.

[8] 李丞, 熊磊, 姚冬苹. 基于软件无线电和 LabVIEW 的通信实验教程[M]. 北京: 清华大学出版社, 2017.

[9] 马晓强, 董莉, 李媛, 等. 移动通信实验教程[M]. 北京: 北京邮电大学出版社, 2016.

[10] 杨宇红, 袁炎, 田砾. 通信原理实验教程: 基于 NI 软件无线电教学平台[M]. 北京: 清华大学出版社, 2015.

[11] 李振松, 李学华. 移动通信实训教程[M]. 北京: 北京邮电大学出版社, 2014.

[12] 樊凯, 刘乃安, 王田甜, 等. TD-SCDMA 移动通信系统及仿真实验[M]. 西安: 西安电子科技大学出版社, 2013.

[13] 鲁昆生, 夏银桥. CDMA 移动通信实验[M]. 北京: 清华大学出版社, 2012.

[14] 陈树学, 刘萱. LabVIEW 宝典[M]. 3 版. 北京: 电子工业出版社, 2022.

[15] 刘卫国. 轻松学 MATLAB2021 从入门到实战（案例·视频·彩色版）[M]. 北京: 中国水利水电出版社, 2021.

[16] 丁伟雄. MATLAB 无线通信系统建模与仿真[M]. 北京: 清华大学出版社, 2022.